U0690282

中等职业素质教育课程改革规划教材

安全教育知识读本

主 编 张剑虹　　副主编 胡 震

吉林大学出版社

内容提要

本书较为系统地介绍了中职生安全教育的各个方面,包括消防安全、交通安全、家庭和校园安全、户外运动安全、食品安全、个人行为安全、网络安全、职业卫生与安全、自然灾害防范、急救技能。同时还介绍了面对突发事件,中职生如何保护自己,如何自救等。

图书在版编目(CIP)数据

安全教育知识读本/张剑虹主编. —长春:吉林大学出版社,2012.9

中等职业素质教育课程改革规划教材

ISBN 978-7-5601-9071-6

Ⅰ.①安…　Ⅱ.①张…　Ⅲ.①安全教育—中等专业学

校—教材　Ⅳ.①X925

中国版本图书馆 CIP 数据核字(2012)第 218585 号

书　名:安全教育知识读本
作　者:张剑虹　主编
责任编辑:孙　群
责任校对:高欣宇　　　　　　　　　　　　　　　　　封面设计:启远装帧
吉林大学出版社出版、发行　　　　　北京市彩虹印刷有限责任公司　印刷
开本:787×1092　毫米　1/16　　　　　　2012年9月　第1版
印张:10.5　字数:222 千字　　　　　　　2015年7月　第4次印刷
ISBN 978-7-5601-9071-6　　　　　　　　　　　　　　定价:28.00 元

版权所有　翻印必究
社址:长春市明德路 501 号　邮编:130021
发行部电话:0431-89580026/28/29
网址:http://www.jlup.com.cn
E-mail:jlup@mail.jlu.edu.cn

中等职业教育课程改革规划教材

出 版 说 明

为了更好地贯彻《国务院关于大力发展职业教育的决定》(国发〔2005〕35 号)精神。落实《教育部关于进一步深化中等职业教育教学改革的若干意见》(教职成〔2008〕8 号)关于"加强中等职业教育教材建设,保证教学资源基本质量"的要求,确保新一轮中等职业教育教学改革顺利进行,全面提高教育教学质量.保证高质量教材进课堂,中等职业教育课程改革规划新教材编写组组织相关力量对中等职业学校德育课、文化基础课等必修课程和部分大类专业基础课教材进行了统一规划并组织编写。从 2009 年秋季学期开始,中等职业教育课程改革规划新教材将陆续出版。提供给广大中等职业学校使用。

中等职业教育课程改革规划新教材是面向中等职业教育的规范性教材,严格按照教育部最新发布的教学大纲编写,并通过了专家的审定。本套教材深入贯彻素质教育的理念,突出中等职业教育的特点,注重对学生创新能力和实践能力的培养。本套教材在内容编排、例题组织和图示说明等方面努力作出创新亮点,在满足不同学制、不同专业以及不同办学条件教学需求的同时,使教学效果最优。

希望各地、各校在使用本套教材的过程中,认真总结经验,及时提出改善意见和建议,使之不断完善和提高。

中等职业教育课程改革规划教材编写组

前　言

　　近年来,社会治安形势正在好转,但从另一方面看,各种违法犯罪现象仍呈上升趋势,职校在改革开放的新形势下,与社会的融合面愈来愈宽,使职校周边治安环境更加复杂。另外,社会不健康文化也是毒害学生思想、影响学生身心健康的重要因素。因此,职校必须对学生进行安全教育与管理,让学生对社会治安形势有正确的认识和理解,自觉地学习安全知识与技能,做好自身的安全防范工作,从而预防和减少各种违法犯罪案件的发生。

　　随着我国职业教育的蓬勃发展和各项改革的不断深化,多层次、多形式的办学格局已经形成,后勤社会化改革也在逐步深入,市场经济的触角迅速伸入校园,校园已由过去封闭的"世外桃源"变为开放型的"小社会"。社会上的服务行业,校园里几乎都有,各类从业人员和消费者(包括学生)参与其中,这使得学校的安全保卫工作更加困难,防不胜防,学生往往成为不法之徒侵害的直接对象。因此,加强对学生的安全教育与管理,让学生有针对性地学习必要的安全知识和法律法规,掌握必备的安全防范技能,增强遵纪守法观念和安全防范意识,提高自我保护能力,预防和减少违法犯罪具有十分重要的意义。

　　为此,我们编写了《安全教育知识读本》这本书。本书较为系统地介绍了中职生安全教育的方方面面,消防安全、交通安全、个人行为安全、网络安全和职业卫生与安全等都包括在其中,另外还提到中职生应如何学会急救技能,面对突发事件(比如自然灾害)如何保护自己等,具有较强的针对性。

　　在本书的编写过程中,参考了该领域其他学者的著作,对此表示感谢。另外,为了扩大学生的知识面,本书在资料的收集方面借鉴了国内一些较大网站的重要信息。

　　由于编者水平有限,书中难免会出现一些不足,希望读者予以谅解,并提出宝贵意见。在此表示感谢。

编　者

2012 年 5 月

目 录

第一章　消防安全

达标要求：了解火灾的成因，学会如何预防生活中的火灾事故，掌握如何在火场中进行自救与逃生，正确使用灭火器，应付火灾事故。

一、火灾的成因

火灾发生的具体原因很多，既有人为的，也有自然灾害引起的；既有故意造成的，又有用火不慎导致的。一般来讲，家庭和学校火灾发生的原因主要有以下几种。

1. 家庭火灾成因

（1）电气

主要指电气线路、设备不良或安装使用不当等原因引发的火灾，比如电线老化漏电，胡拉乱接电线，用铜丝代替保险丝等。这类原因引起的火灾多，且呈上升趋势，而且这类原因常引起大火。

（2）生活用火不慎

主要是在烧火做饭、照明时，因设备不良或使用不慎引发的火灾。这类火灾虽然呈下降趋势，但仍占火灾总起数的 12% 左右。

（3）违反安全规定

指在生产、经营中违章操作、违章经营、违章储存、运输或违章用火用电等引起的火灾。这类火灾已达 24.6%，且呈上升趋势。这是典型的人为因素引发的火灾。

（4）吸烟

吸烟要用明火，吸烟有燃烧的烟头，吸烟后扔掉的烟头有可能还燃烧着，吸着烟的人可能到处都去，因此吸烟是危险的流动火源。吸烟引起的火灾很多，占 10% 左右。

（5）放火

主要是违法犯罪分子放火和精神病人放火。这类火灾占总数的 9% 左右，近年来呈上升趋势。

（6）儿童玩火

主要是儿童玩火。比如孩子学大人生火做饭、点火、吸烟等，玩火柴、打火机等。其中，在校学生玩火引起火灾的事件有一定的普遍性。

（7）自燃

主要是易燃、易爆化学物品和植物秆秸蓄热引起的自燃火灾，以漂白粉、造纸厂的草垛、棉垛、烟叶垛为多，占火灾起数的 2% 左右。

2. 校园火灾成因

（1）学生方面的问题

很多学生缺乏消防安全知识，防灾意识淡薄，违章使用明火导致火灾。学校拉闸限电，学生为复习功课在熄灯后点蜡烛看书,经常发生人已入睡,蜡烛却未灭的情况,这极易点燃周围摆放的各种书籍、生活用品和悬挂的衣物、蚊帐等;男同学乱扔烟头,躺在床上吸烟;有的同学在宿舍或走廊焚烧书信等,这些不安全的使用明火行为往往是校园火灾的主要诱因。

(2)学校方面的问题

首先,学校的建筑存在消防设计方面的缺陷。这类问题常见于早期修建的学校,表现有:建筑物老化、易燃,布局不合理,消防通道不畅通,防火间距不足,耐火等级太低,大型建筑无防火分隔,内部装修大量使用易燃材料等。这样的建筑极易诱发火灾,而且火灾发生后极易造成火灾的迅速发展和蔓延。

其次,消防设施不足或因管理不善而不能正常使用。由于历史、经济、管理等因素,很多职业学校建筑没有按规范配置消防设施,有的虽然添置了一些,但因使用年代过久或管理问题而无法使用,随着职业学校的迅速发展,其诱发火灾的因素已有所减少,但仍存在隐患,因此中职生要加强消防意识。

最后,学校消防安全制度不够完善,外来用工多,管理不到位。随着职业学校后勤的社会化,外来用工不断增多,人员素质参差不齐,安全隐患较多。在招收员工时,没有进行必须的岗前消防安全知识培训,匆忙上岗。他们得到的利益较少,容易产生消极抵触情绪,不安全隐患随之增多,一定程度上助长了火灾隐患的滋生。有的没有按照消防安全管理的基本要求,对具体程序、工作内容、工作职责和奖惩措施等予以明确和规范。有的虽然明确,但笼统空洞,可操作性不强,消防观念仅仅局限于火警电话或等待消防队的扑救。有的没有建立防火巡查检查、安全疏散设施管理、火灾隐患整改等基本制度。有的虽然建立了,只是写在纸上、挂在墙上。在实际行动中没有明确的监督执行机制,制度多半落空。

二、火灾的预防

1. 家庭防火

(1)炊事防火注意事项

在炉灶上煨炖各种含油食品时,汤不宜太满,并应有人看管,发现汤水沸腾时,应降低炉温,或将锅盖揭开,或加入冷汤,防止油汤溢出锅外。油炸食品时,如油温过高起火时,油量较少的可沿锅边放入食品,火即熄灭;如油量较多,应迅速盖上锅盖,隔绝空气,即能停止燃烧,同时应熄灭灶内火焰,倘有可能可将油锅平稳地端离炉火。应特别注意的是,遇油锅起火后,千万不可向锅内倒水灭火。此外,炉灶排风罩上的油垢要定时清除。

(2)液化气的防火措施

外出时、临睡前应关闭煤气、液化气总阀门。千万不能用明火(火柴、蜡烛等)查找煤气泄漏,若在夜间闻到煤气、液化气气味时,先打开门窗通气散风后,再去开灯。液化气必须确保在炉灶完好的状态下使用;在厨房里,钢瓶与灶具应保持1～1.5米的安全距离,并保持室内空气流通液化石油气钢瓶不得与煤炉等其他火源同室布置;点火时,应先点火后开气,用完火后,应立即关闭角阀,防止因胶管老化、脱落或鼠咬而漏气;使用液化气炉灶不能离人,锅、壶不要装水过满,以防饭、水溢出浇灭炉火而造成泄漏;钢瓶要防止碰撞、敲打,不得接近火源、热源,更不能用热水烫、烘烤;钢瓶不能横放、倒放使用,严禁用自流方法将液化气从一个钢瓶倒入另一个钢瓶;不得私自处理残液、排放液化气;更换钢瓶时,要上好减压阀,并用肥皂水试漏;发现液化石油气泄漏时,要立即关闭气源,打开门窗通风,严禁触动电灯、抽油烟机、排风扇等电气开关。

(3)用电及家用电器注意事项

经常检查电气线路,发现导线绝缘层有破损或者老化现象,要及时更新。在需要保险丝的用电线路中,要安装合适的保险丝,千万不能用大号保险丝或金属丝代替,以防电路漏电、短路、超负荷、接触电阻过大和绝缘层被击穿造成高温、打出电火花和出现电弧而酿成火灾。另外,使用大功率家用电器和微波炉、电热器、空调、电熨斗等要错开时间,以防电线过载。在使用家用电器时,使用时间不宜过长,使用完毕后要及时散热并切断电源。不要使用灯泡、电热器烤衣服、毛巾等易燃物品。电热沐浴器、电褥等使用时要格外小心,最好安装漏电保护器。

2. 校园防火

学校应禁止学生携带烟花、爆竹等易燃易爆物品进入学校,建立严格的实验室易燃易爆物品的使用保管制度,经常检查电气设备的安装使用情况,在校园的关键部位要设置灭火器材。

学生应当遵守学校消防规定。不要私自在住地、宿舍乱拉电线,不准使用电炉子、热水器、电吹风、电热杯等电器设备。不要躺在床上吸烟,不要乱扔烟头,使用过的废纸及时清扫,以免引起火灾。室内严禁存放易燃易爆物品。台灯不要靠近枕边,不要在蚊帐内点蜡看书,室内照明灯要做到人走灯灭。

3. 公共场所防火

商场、宾馆、车站、机场、影剧院、俱乐部、文化宫、游泳场、体育馆、图书馆、展览馆都属公共场所,这些场所一旦发生火灾,伤亡惨重。因此,中职生应自觉遵守公共场所的防火规定。进入公共场所,自觉配合安全检查。不在公共场所内吸烟和使用明火。不带烟花、爆竹、酒精、汽油等易燃易爆危险物品进入公共场所。车辆、物品不紧贴或压占消防设施,不应堵塞消防通道,严禁挪用消防器材,不得损坏消火栓、防火门、火灾报警器、火灾喷淋等设施。学会识别安全标志,熟悉安全通道。发生火灾时,应服从公共场所管理人员的统一指挥,有序地疏散到安全地带。

4. 森林防火

在我国的林区,学生经常出入山林,林区一旦发生火灾,将带来人员和资源的巨大损失。防止森林火灾的发生,首先要杜绝人为火种,广大中职生严格遵守森林管理的规章制度,不要在林区吸烟、野炊和举行篝火晚会等活动。另外,同学们不要带火源进入森林。总之,同学们要爱护身边的一草一木,增强森林防火意识。

三、火场自救与逃生

发生火灾时,同学们一定要保持镇静,量力而行。火灾初起阶段,一般是很小的一个火点,燃烧面积不大,产生的热量不多。这时只要随手用沙土、干土、浸湿的毛巾、棉被、麻袋等去覆盖,就能使初起的火熄灭。如果火势较大,正在燃烧或可能蔓延,切勿试图扑救,应该立刻逃离火场,打119火警电话,通知消防队救火。

1. 报火警

牢记火警电话119。报警时要讲清着火单位、所在区(县)、街道、胡同、门牌或乡村地区。说明什么东西着火,火势怎样。讲清报警人姓名、电话号码和住址。报警后要安排人到路口等候消防车,指引消防车去火场的道路。遇有火灾,不要围观。有的同学出于好奇,喜欢围观消防车,这既有碍于消防人员工作,也不利于同学们的安全。但不能乱打火警电话。假报火警是扰乱公共秩序、妨碍公共安全的违法行为。如发现有人假报火警,要加以制止。

2. 哪些东西可以用来灭火

(1)水。水是最常用和使用最方便的灭火剂。它通常经液态、雾态和汽态形式使用和起作用,主要可降低火场的温度和隔绝空气。其消防设施有消火栓、雨淋、雨雾、水斗、喷雾器和消防车等。但在以下几种情况下,则不能用水灭火:①忌水物质,遇水放热的物质,如钾、钠、铅粉、电石等。这些物质能与水作用生成可燃气体,形成爆炸混合物。②铁水、钢水及灼热物体。能使水迅速蒸发引起强烈爆炸。③可燃易燃液体火灾。它使可燃液体浮于水面,扩大燃烧面积。④电气火灾。水能导电,易造成触电和短路事故。⑤精密仪器、贵重文物资料、档案的火灾。用水扑救,会使其毁掉。

(2)沙土、淋湿的棉被、麻袋能灭火,扫帚、拖把、衣服、锹、镐也可作为灭火工具。关键在于快,不要给火蔓延的机会。

3. 火灾应急"十要"

一要早扑灭。初起火灾最易扑灭,在消防车未到之前,如能采取果断措施,集中全力扑救,常能有较好效果。

二要早报警。报警愈早,损失愈少,切不可心存侥幸,晚、迟报警都会增大火灾损失。

三要先扑火,后搬财物。失火时,切忌重物弃火,若抢搬财物,失去逃生时间,极易造成物毁人亡。

四要沉着冷静。尤其在公众聚集场所,要严守秩序,听从指挥,才能在火场中安全疏散;倘若都争先恐后,互不相让,挤成一团,阻塞通道,后果将不堪设想。

五要仔细判断,果敢决策。当逃生通道被火封锁住,欲逃无路时,可将被单、床单、台布等撕成布条,结成绳索,紧系门窗,再用衣服、毛巾等护住手心,顺绳滑下。

六要注意邻室起火,不要盲目开门,应用毛巾、被等塞住门缝,有条件最好将门淋湿,否则,浓烟、热气、烈火将会趁隙而入。

七要掌握正确逃生要领。烟雾较大较浓时,切记不要惊慌,宜用膝、肘着地匍匐前进,因为近地处往往残留新鲜空气,同时还要注意呼吸应小而浅。

八要屏住呼吸。在万不得已,非上楼不可的情况下,必须屏住呼吸上楼。

九要掩口鼻。在逃生时,用湿毛巾捂住口鼻,也可用房内花瓶、水壶、鱼缸里的水淋湿衣服、布类等捂住口鼻。带婴儿逃生时,可用湿布轻轻蒙在他的脸上,一手抱着他,一手着地爬行逃生。

十要隔离烟火。在逃离前,有条件的应先把着火房间的门关紧。特别是在住户较多的高层住宅及旅馆、酒楼里,采取这一措施,使火焰、浓烟被禁锢在一个房间里,不至于迅速蔓延,能为逃生者赢得宝贵时间。

4. 火场自救的方法

火魔无情,当被困在火场内生命受到威胁时,在等待消防员救助的时间里,如果能够利用地形和身边的物体采取积极有效的自救措施,就可以让自己命运由"被动"转化为"主动",为生命赢得更多的"生机"。

火场逃生不能寄希望于"急中生智",只有靠平时对消防常识的学习、掌握和储备,危难关头才能应对自如,从容逃离险境。

(1)绳索自救法:家中有绳索的,可直接将其一端拴在门、窗档或重物上沿另一端爬下。过程中,脚要成绞状夹紧绳子,双手交替往下滑,并尽量采用手套、毛巾将手保护好。

(2)匍匐前进法:由于火灾发生时烟气大多聚集在上部空间,因此在逃生过程中应尽量将身体贴近地面匍匐或弯腰前进。

(3)毛巾捂鼻法:火灾烟气具有温度高、毒性大的特点,一旦吸入后很容易引起呼吸系统烫伤或中毒,因此疏散中应用湿毛巾捂住口鼻,以起到降温及过滤的作用。

(4)棉被护身法:用浸泡过的棉被或毛毯、棉大衣盖在身上,确定逃生路线后用最快的速度钻过火场并冲到安全区域。

(5)毛毯隔火法:将毛毯等织物钉或夹在门上,并不断往上浇水冷却,以防止外部火焰及烟气侵入,从而达到抑制火势蔓延速度、延长逃生时间。

(6)被单拧结法:把床单、被罩或窗帘等撕成条或拧成麻花状,按绳索逃生的方式沿外墙爬下。

(7)跳楼求生法:火场切勿轻易跳楼!在万不得已的情况下,住在低楼层的居民可采取跳楼的方法进行逃生,但要选择较低的地面作为落脚点,并将席梦思床垫、沙发垫、厚棉被等抛下做缓冲物。

(8)管线下滑法:当建筑物外墙或阳台边上有落水管、电线杆、避雷针引线等竖直管线时,可借助其下滑至地面,同时应注意一次下滑时人数不宜过多,以防止逃生途中因管线损坏而致人坠落。

(9)竹竿插地法:将结实的晾衣杆直接从阳台或窗台斜插到室外地面或下一层平台,固定好以后顺杆滑下。

(10)攀爬避火法:通过攀爬阳台、窗口的外沿及建筑周围的脚手架、雨棚等突出物以躲避火焰。

(11)楼梯转移法:当火自下而上迅速蔓延将楼梯封死时,住在上部楼层的居民可通过老虎窗、天窗等迅速爬到屋顶,转移到另一家或另一单元的楼梯进行疏散。

(12)卫生间避难法:当实在无路可逃时,可利用卫生间进行避难,用毛巾紧塞门缝,把水泼在地上降温,也可躺在放满水的浴缸里躲避。但千万不要钻到床底、阁楼、大橱等处避难,因为这些地方可燃物多,且容易聚集烟气。

(13)火场求救法：发生火灾时，可在窗口、阳台或屋顶处向外大声呼叫、敲击金属物品或投掷软物品，白天应挥动鲜艳布条发出求救信号，晚上可挥动手电筒或白布条引起救援人员的注意。

(14)逆风疏散法：应根据火灾发生时的风向来确定疏散方向，迅速逃到火场上风处躲避火焰和烟气。

(15)"搭桥"逃生法：可在阳台、窗台、屋顶平台处用木板、竹竿等较坚固的物体搭在相邻建筑上，以此作为跳板过渡到相对安全的区域。

5. 森林火灾的自救方法

在森林中一旦遭遇火灾，应当尽力保持镇静，就地取材，尽快做好自我防护，可以采取以下防护措施和逃生技能，以求安全迅速逃生。

(1)在森林火灾中对人身造成的伤害主要来自高温、浓烟和一氧化碳，容易造成烧伤、窒息或中毒，尤其是一氧化碳具有潜伏性，会降低人的精神敏锐性，中毒后不容易被察觉。因此，一旦发现自己身处森林着火区域，应当使用沾湿的毛巾遮住口鼻，附近有水的话最好把身上的衣服浸湿，这样就多了一层保护。然后要判明火势大小、火苗延烧的方向，应当逆风逃生，切不可顺风逃生。

(2)在森林中遭遇火灾一定要注意风向的变化，因为这说明了大火的蔓延方向，这也决定了逃生的方向是否正确。实践表明现场刮起5级以上的大风，火灾就会失控。如果突然感觉到无风的时候更不能麻痹大意，这时往往意味着风向将会发生变化或者逆转，一旦逃避不及，容易造成伤亡。

(3)当烟尘袭来时，用湿毛巾或衣服捂住口鼻迅速躲避。躲避不及时，应选在附近没有可燃物的平地卧地避烟，切不可选择低洼地或坑、洞，因为低洼地和坑、洞容易沉积烟尘。

(4)如果被大火包围在半山腰时，要快速向山下跑，切忌往山上跑，通常火势向上蔓延的速度要比人跑的快得多，火头会跑到前面。

(5)一旦大火扑来的时候，如果处在下风向，要做决死的拼搏，果断地迎风对火突破包围圈，切忌顺风撤离。如果时间允许可以主动点火烧掉周围的可燃物，当烧出一片空地后，迅速进入空地卧倒避烟。

(6)顺利地脱离火灾现场之后，还要注意在灾害现场附近休息的时候，要防止蚊虫或者蛇、野兽、毒蜂的侵袭。集体或者结伴出游的朋友应当相互查看一下大家是否都在，如果有掉队的应当及时向当地灭火救灾人员求援。

如果同学们喜欢到大自然中去享受绿色，也不要忘了大自然也有发脾气的时候。掌握一定的自救常识和基本技能，会让你的旅程有惊无险。

6. 火灾逃生中的错误行为

(1)原路脱险。这是人们最常见的火灾逃生行为模式。因为大多数建筑物内部的平面布置、道路出口一般不为人们所熟悉，发生火灾时，人们总是习惯沿着进来的出入口和楼道进行逃生，当发现此路被封死时，才被迫去寻找其他出入口。殊不知，此时已失去最佳逃生时间。因此，当我们进入一个新的大楼或宾馆时，一定要对周围的环境和出入口进行必要的了解与熟悉。多想万一,以备不测。

(2)向光朝亮。这是在紧急危险情况下,由于人的本能、生理、心理所决定,人们总是向着有光、明亮的方向逃生。以为光和亮就意味着生存的希望,它能为逃生者指明方向,其实这时的火场中,90%的可能性是电源已被切断或已造成短路、跳闸等,光和亮之地正是火魔肆无忌惮地逞威之处。

(3)盲目追随。当人的生命突然面临危险状态时,极易因惊惶失措而失去正常的判断思维能力,当听到或看到有什么人在前面跑动时,第一反应就是盲目地紧追随其后。常见的盲目追随行为模式有跳窗、跳楼、逃(躲)进厕所、浴室、门角等。只要前面有人带头,追随者也会毫不犹豫地跟随其后。克服盲目追随的方法是平时要多了解与掌握一定的消防自救与逃生知识,避免事到临头没有主见而随波逐流。

(4)自高向下。俗话说:人往高处走,火焰向上飘。当高楼大厦发生火灾,特别是高层建筑一旦失火,人们总是习惯性地认为:火是从下面往上着的,越高越危险,越下越安全,只有尽快逃到一层,跑出室外,才有生的希望。殊不知,这时的下层可能是一片火海,盲目地朝楼下逃生,岂不是自投火海吗?随着消防装备现代化的不断提高,在发生火灾时有条件的可登上房顶或在房间内采取有效的防烟、防火措施后等待救援也不失为明智之举。

(5)冒险跳楼。人们在开始发现火灾时,会立即作出第一反应。这时的反应大多还是比较理智的。但是,当选择的路线逃生失败或发现判断失误,逃生之路又被大火封死,火势愈来愈大,烟雾愈来愈浓时,人们就很容易失去理智。此时也不要跳楼、跳窗等,而应另谋生路,万万不可盲目采取冒险行为,以避免未入火海而摔下楼。

四、灭火的基本方法

通常情况下,灭火必须具备三个条件,即可燃物、助燃物(主要指含氧气的空气、氧化剂等)和点燃源,并且三者要互相作用。灭火就是根据起火物质燃烧的状态和方式,采取一定的措施以破坏燃烧必须具备的条件,从而使燃烧停止,灭火的基本方法主要有以下几种。

1. 隔离法:将着火的地方或物体与其周围的可燃物隔离或移开,燃烧就会因为缺少可燃物而停止。实际运用时,如将靠近火源的可燃、易燃、助燃的物品搬走;把着火的物件移到安全的地方;关闭电源、可燃气体、液体管道阀门,中止和减少可燃物质进入燃烧区域;拆除与燃烧着火物相邻的易燃建筑物等。

2. 窒息法:阻止空气流入燃烧区或用不燃烧的物质冲淡空气,使燃烧物得不到足够的氧气而熄灭。实际运用时,如用石棉毯、湿麻袋、湿棉被、湿毛巾被、黄沙、泡沫等不燃或难燃物质覆盖在燃烧物上;用水蒸气或二氧化碳等惰性气体灌注容器设备;封闭起火的建筑和设备门窗、孔洞等。

3. 冷却法:冷却法是灭火的主要方法,主要用水和二氧化碳来冷却降温。将灭火剂直接喷射到燃烧物上,以降低燃烧物的温度。当燃烧物的湿度降低到该物的燃点以下时,燃烧就停止了,或者将灭火剂喷洒在火源附近的可燃物上,使其温度降低,防止辐射热影响而起火。

4. 抑制法:这种方法是用含氟、溴的化学灭火剂(1211)喷向火焰,让灭火剂参与到燃烧反应中去,使游离基链锁(俗称"燃烧链")反应中断,达到灭火的目的。

以上方法可根据实际情况,采用一种或多种方法并用,以达到迅速灭火的目的。

五、正确使用灭火器

1. 灭火器的类型及灭火原理

灭火器是火灾扑救中常用的灭火工具,在火灾初起之时,由于范围小,火势弱,是扑救火灾的最有利时机,正确及时使用灭火器,可以挽回不应有的损失。灭火器结构简单,轻便灵活,稍经学习和训练就能掌握其操作方法。目前常用的灭火器有二氧化碳灭火器、干粉灭火器、清水灭火器以及简易式灭火器等。

二氧化碳灭火剂是一种具有一百多年历史的灭火剂,价格低廉,获取、制备容易,其主要依靠窒息作用和部分冷却作用灭火。二氧化碳具有较高的密度,约为空气的 1.5 倍。在常压下,液态的二氧化碳会立即汽化,一般

正确使用灭火器的图示

1 千克的液态二氧化碳可产生约 0.5 立方米的气体。因而,灭火时,二氧化碳气体可以排除空气而包围在燃烧物体的表面或分布于较密闭的空间中,降低可燃物周围或防护空间内的氧浓度,产生窒息作用而灭火。另外,二氧化碳从储存容器中喷出时,会由液体迅速汽化成气体,而从周围吸引部分热量,起到冷却的作用。

干粉灭火器内充装的是干粉灭火剂。干粉灭火剂是用于灭火的干燥且易于流动的微细粉末,由具有灭火效能的无机盐和少量的添加剂经干燥、粉碎、混合而成微细固体粉末组成。它是一种在消防中得到广泛应用的灭火剂,且主要用于灭火器中。除扑救金属火灾的专用干粉化学灭火剂外,干粉灭火剂一般分为 BC 干粉灭火剂和 ABC 干粉灭火剂两大类。如碳酸氢钠干粉、改性钠盐干粉、钾盐干粉、磷酸二氢铵干粉、磷酸氢二铵干粉、磷酸干粉和氨基干粉灭火剂等。干粉灭火剂主要通过在加压气体作用下喷出的粉雾与火焰接触、混合时发生的物理、化学作用灭火,其灭火原理是:一是靠干粉中的无机盐的挥发性分解物,与燃烧过程中燃料所产生的自由基或活性基团发生化学抑制和副催化作用,使燃烧的链反应中断而灭火;二是靠干粉的粉末落在可燃物表面外,发生化学反应,并在高温作用下形成一层玻璃状覆盖层,从而隔绝氧,进而窒息灭火。另外,还有部分稀释氧和冷却的作用。

清水灭火器中的灭火剂为清水。水在常温下具有较低的粘度、较高的热稳定性、较大的密度和较高的表面张力,是一种古老而又使用范围广泛的天然灭火剂,易于获取和储存。它主要依靠冷却和窒息作用进行灭火。因为每千克水自常温加热至沸点并完全蒸发汽化,可以吸收 2593.4KJ 的热量。因此,它利用自身吸收显热和潜热的能力发挥冷却灭火作用,是其他灭火剂所无法比拟的。此外,水被汽化后形成的水蒸气为惰性气体,且体积将膨胀

1700倍左右。在灭火时,由水汽化产生的水蒸气将占据燃烧区域的空间、稀释燃烧物周围的氧含量,阻碍新鲜空气进入燃烧区,使燃烧区内的氧浓度大大降低,从而达到窒息灭火的目的。当水呈喷淋雾状时,形成的水滴和雾滴比表面积大大增加,增强了水与火之间的热交换作用,从而强化了其冷却和窒息作用。另外,对一些易溶于水的可燃、易燃液体还可起稀释作用;采用强射流产生的水雾可使可燃、易燃液体产生乳化作用,使液体表面迅速冷却、可燃蒸汽产生速度下降而达到灭火的目的。

简易式灭火器是近几年开发的轻便型灭火器。它的特点是灭火剂充装量在500克以下,压力在0.8兆帕以下,而且是一次性使用,不能再充装的小型灭火器。按充入的灭火剂类型分,简易式灭火器有1211灭火器,也称气雾式卤代烷灭火器;简易式干粉灭火器,也称轻便式干粉灭火器;还有简易式空气泡沫灭火器,也称轻便式空气泡沫灭火器。简易式灭火器适于家庭使用,简易式1211灭火器和简易式干粉灭火器可以扑救液化石油气灶及钢瓶上角阀或煤气灶等处的初起火灾,也能扑救火锅起火和废纸篓等固体可燃物燃烧的火灾。简易式空气泡沫适用于油锅、煤油炉、油灯和蜡烛等引起的初起火灾,也能对固体可燃物燃烧的火进行扑救。

2. 火灾类型与灭火器的选用

通常用于扑灭初起火灾的灭火器,类型较多,使用时必须针对火灾燃烧物质的性质,否则会适得其反,有时不但灭不了火,而且还会发生爆炸。由于各种灭火器材内装的灭火药剂对不同火灾的灭火效果不尽相同,所以必须熟练地掌握灭火器在扑灭不同火灾时的灭火作用。

按照不同物质发生的火灾,火灾大体分为四种类型:

第一,A类火灾为固体可燃材料的火灾,包括木材、布料、纸张、橡胶以及塑料等。

第二,B类火灾为易燃可燃液体、易燃气体和油脂类火灾。

第三,C类火灾为带电电气设备火灾。

第四,D类火灾为部分可燃金属,如镁、钠、钾及其合金等火灾。

一般灭火器都标有灭火类型和灭火等级的标牌。例如A、B等,使用者一看就能立即识别该灭火器适用于扑救哪一类火灾。目前常用的灭火器有各种规格的泡沫灭火器,各种规格的干粉灭火器,二氧化碳灭火器和卤代烷(1211)灭火器等。泡沫灭火器一般能扑救A、B类火灾,当电器发生火灾,电源被切断后,也可使用泡沫灭火器进行扑救。干粉灭火器和二氧化碳灭火器则使用于扑救B、C类火灾。可燃金属火灾则可使用扑救D类的干粉灭火剂进行扑救。卤代烷(1211)灭火器主要用于扑救易燃液体、带电电器设备和精密仪器以及机房的火灾,这种灭火器内装的灭火剂没有腐蚀性,灭火后不留痕迹,效果也较好。

一般手提式灭火器其内装药剂的喷射灭火时间在一分钟之内,实际有效灭火时间仅有10至20秒钟,在实际使用过程中,必须掌握正确使用方法,否则不仅灭不了火,还会贻误了灭火时机。

必须指出的是,发生火灾后,使用灭火器及时地扑救初起火灾,是避免火灾蔓延、扩大和造成更大损失的有力措施。同时,一旦发现火情,也应立即向消防部门及时报警,万万不可指望灭火器扑灭火灾而不向消防队报警,因为灭火器的扑救面积和能力是有限的,只能适应扑救初起的火灾。火灾发生后,一般蔓延都比较快,推迟了报警时间,贻误了灭火时机,势必会造成更大的损失。

3. 灭火器的使用方法

灭火器是"把火灾消灭在萌芽状态"的有力工具。学会正确使用灭火器非常重要,中职生应学习灭火器的使用方法、灭火技能,使灭火器不再成为"摆设"。

首先是灭火器的开启方法。

(1)压把法。这是最常用的开启灭火器的方法。干粉灭火器、卤代烷灭火器、7150 灭火器和部分二氧化碳灭火器都使用这种方法开启。具体操作方法是:将这几种灭火器提到距火源适当距离后,让喷嘴对准燃烧最猛烈处(其中,干粉灭火器应上下颠倒几次,使筒内的干粉松动),然后拔去保险销,压下压把,灭火剂便会喷出灭火。

(2)拍击法。使用清水灭火器时,在距燃烧物 10 米处,将其直立放稳,摘下保险销,用手掌拍击开启杠顶端的凸头,水流便会从喷嘴喷出。

(3)颠倒法。这是开启泡沫灭火器和酸碱灭火器的方法。使用泡沫灭火器时,在距起火点 10 米处,一只手提住提环,另一只手抓住筒底上的底圈,将灭火器颠倒过来,泡沫即可喷出;使用酸碱灭火器时,在距起火点 10 米处,用手指压紧喷嘴,将灭火器颠倒过来上下摇动几下,然后松开手指,一只手提住提环,另一只手抓住底圈,灭火剂即可喷出。

(4)旋转法。这是开启干粉灭火器和部分二氧化碳灭火器的方法。使用干粉灭火器时,左手握住其中部,将喷口对准火焰根部,右手拔掉保险卡,顺时针方向旋转开启旋钮,打开贮气瓶,滞时 1～4 秒,干粉便会在二氧化碳气体压力的作用下,从喷嘴喷射;当使用旋开式二氧化碳灭火器时,将灭火器提到距火源 5 米处,一只手握住喇叭形喷筒根部的手柄,把喷筒对准火焰,另一只手旋开手轮,二氧化碳就会喷出。这里要特别注意,干粉灭火器是顺时针方向旋开,而二氧化碳灭火器则是逆时针方向旋开。

其次是灭火器的喷射方法。

(1)连续喷射。常用的手提灭火器的喷射时间仅有 10 秒左右,推车式灭火器也仅 30 余秒,为充分发挥其效能,一般应集中灭火剂连续喷射。

(2)点射。各种灭火器中,除二氧化碳灭火器和泡沫灭火器外,大都可用点射的方法清理零星余火,以节约灭火剂。在寒冷季节使用二氧化碳灭火器时,阀门(开关)开启后,不得时启时闭,以防冻结堵塞。

(3)平射。这是大部分灭火器的喷射方向。如用干粉扑救地面油火时,要平射,左右摆动,由近及远,快速推进;使用 1211 灭火器时,将喷嘴对准火焰根部,向火源边缘左右摆动,并快速向前推进。

(4)侧射。使用二氧化碳灭火器时,因二氧化碳主要是隔绝空气,窒息灭火,所以喷筒要从侧面向火源上方往下喷射,喷射的方向要保持一定的角度,使二氧化碳能覆盖到火源。大量灭火试验证明,用这种灭火方法,效果很好,如果按照干粉、1211 灭火器的灭火方法,向前平推扫射,就很难达到较好的灭火效果。

六、常用消防安全标志

消防安全标志用以表达特定的安全信息,标志由几何图形、图形符号和安全色组成。悬挂消防安全标志是为了能够引起人们对不安全因素的注意,预防发生事故。

紧急出口	紧急出口	滑动开门	滑动开门	推开
拉开	疏散通道方向	疏散通道方向	消防水泵接合器	消防梯
灭火设备或报警装置的方向	灭火设备或报警装置的方向	消防手动启动器	发声警报器	火警电话
灭火设备	灭火器	消防水带	地下消火栓	地上消火栓
禁止阻塞	禁止锁闭	禁止用水灭火	禁止吸烟	禁止烟火
禁止放易燃物	禁止带火种	禁止燃放鞭炮	当心火灾—易燃物质	当心火灾—氧化物

七、案例警示

案例一

某职校宿舍着火事件

以下是某职业学校 2001 年度发生的几起宿舍着火事件。

2008 年 1 月 7 日上午 8：40 左右，宿舍管理员在检查卫生中发现某女生宿舍在冒烟，立即组织人员扑救，但火势发展迅猛，简易灭火器无法奏效，后消防车及时赶到，火势才被控制和扑灭。事后调查，发现该宿舍有电热毯 4 条，应急灯 7 盏，充电器 3 个，电热焐子 1 个，虽然大多数不在使用中，但两个应急灯、两个充电器在充电，经消防技术人员鉴定，认为火灾原因是电线超载发热引起。直接损失约 1200 元左右。

2008 年 3 月 10 日夜间 12 点熄灯后，某宿舍的一男生点了蜡烛，躺在床上看书，看了一会儿，便睡着了，在 11 日凌晨 3 点，该生突然醒来，发现下铺位的帆布箱烧着了，室内全是烟，火烧得很快，虽然在众人的扑救下火势并未向外蔓延，但这次火灾烧毁了该宿舍 4 人的大部分书籍和生活用品。

2008 年 6 月 12 日某宿舍的一男生因晚间看书，将点着的蚊香放在枕头边的书籍上，在早上离开宿舍时未熄灭蚊香，后燃及书籍。

2008 年 12 月 6 日某男生宿舍，学生中午在宿舍抽烟，离开前未将烟头熄灭，导致该室衣被、书籍烧坏（损失折合人民币 300 余元）。

案例二

居民出门忘关煤气阀致油锅起火

2006 年 8 月 14 日 17 时 40 分，哈尔滨市道里区上游街 51 号一居民楼地下室突然冒出大量浓烟，附近居民立即报警。

道里消防中队接警后迅速赶到现场后发现，起火地下室内正不断冒出浓烟。经勘查，消防战士们迅速对地下室铁栅门进行破拆，随后冲进火场。很快，消防战士从地下室的厨房内端出一正猛烈燃烧的油锅，并将其扑灭。

经现场初步勘查，起火原因是该户居民离开家时忘了关煤气阀，所幸邻居及时报警化解了险情。

案例三

燕山酒家特大火灾

基本情况：燕山酒家位于长沙市八一西路，占地面积 600 平方米，建筑面积 4800 平方米，高 31.7 米（8 层），集餐饮、办公、住宿、娱乐为一体，隶属湖南省商业集团公司下属的食品总公司。该酒家一、二楼为东海渔村海鲜酒店，1993 年 10 月承包给瑞华公司经营，其中一楼北向为接待厅和快餐厅，南向为酒店制作间，二楼北向为大餐厅，南向为餐饮包房；三至七楼为客房、办公用房、服务员宿舍，有客房 75 间（185 个床位）；八楼为娱乐层。起火当晚，燕山酒家和东海渔村共有 21 人当班、172 名旅客住宿。

起火经过和扑救情况：1997 年 1 月 29 日 4 时 50 分左右，东海渔村海鲜酒店保安员雷文革准备用酒精炉煮东西吃，拖酒精炉时，酒精洒到手上及桌面台布上，点火时引燃酒精炉和手,雷顺势把酒精炉朝地下甩去,酒精洒泼到方桌和过道的地毯上起火,雷慌忙用方桌上的台布去扑打,结果越打越大,并迅速向四周蔓延,很快引燃了窗帘,雷看到大火已无法扑灭,扔下桌布呼救逃生。消防支队5时8分接警后,立即调出三中队2辆消防车,5时12分到场,此时燕山酒家东向烟雾较大,火焰直向窗外窜,不少人员被困,指挥员根据火场情况,在组织扑救的同时请求指挥中心增援。指挥中心迅速调出一中队2辆消防车赶赴火场,并报告支队战训值班员和总值班。值班首长在赴火场途中,用对讲机调动专勤队3辆消防车、一中队1辆登高车和1辆14吨大型水罐车赶往火场增援,到场时火势已猛烈燃烧,有的被困人员跳楼。随即增调四中队、五中队、六中队、二中队、铁路机务段队、长纺专职消防队增援。同时,通知用电管理所、煤制气供应所、市自来水公司等单位协助灭火,并迅速向上级报告。大火于6时左右得到控制,7时被完全扑灭。

火灾损失:死亡40人(当场烧死8人,在送医院途中抢救无效死亡32人),重伤27人,轻伤62人,烧毁建筑997平方米以及空调、卡拉OK机、冰柜等财物,直接财产损失97.2万元。

火灾原因:火灾系酒店保安员雷文革违章使用酒精炉所致。

主要教训:1. 内部管理不严,火灾隐患多。长沙燕山酒家及湖南东海海鲜酒店对消防工作极不重视,开业以来,对职工既未进行过防火安全教育,也没有建立健全必要的消防工作制度,内部管理混乱,火灾隐患较多,员工缺乏基本的消防常识,消防观念淡薄,严重违反消防规定的行为(如夜间值班用酒精炉煮食、不关厨房液化气罐总阀门等等)屡屡发生。2. 消防设施设置不合理,管理不善,使用不当。一是消防水泵断电后不能启动;二是报警系统长期未检修,起火时报警功能失灵,不能及时警示员工和客人迅速疏散;三是2至7楼没有安装应急灯,安全门上方也未标明"出口"标志,紧急情况下不便于人员疏散;四是未经消防部门同意,擅自将三楼北向楼梯间通道堵死,南向1至2楼楼梯间被杂物堵塞,起火后抢救、疏散工作严重受阻。3. 主管单位不认真履行管理职责,放任自流,缺乏有效的监督。4. 报警迟,错过了最佳的时机。肇事者发现起火后,不是及时报警,而是先扑救,当发现火灾越救越大时,便只顾逃命没有报警;保安员也是先上楼扑救,等火势无法控制时才报警。

思考题

1. 校园火灾主要由哪些因素所致?
2. 火灾发生时,该怎么办?
3. 如何正确使用灭火器?
4. 常见的消防安全标志有哪些?

第二章 交通安全

达标要求：熟悉行路、乘车、骑车、乘轮船、飞机和乘电梯的安全常识，了解常用道路交通标志，掌握交通事故应急知识，自觉遵守交通安全准则。

一、日常交通安全规则

（1）靠右行的原则。靠右行是指行人或车辆在法律、法规规定的范围内，必须遵守靠道路右边一侧行走或行驶。确定这个原则，原因是行人和各类车辆在同一道路内往同一方向行进，可以保证交通流向的一致性，能有效地减少和避免行人之间、车辆之间相撞现象的发生。我国自古就有靠右行驶的传统和习惯，所以一直沿用靠右行的规则。

（2）行人、车辆各行其道的原则。各行其道是指车辆、行人在规定的机动车道、非机动车道和人行道上分开行驶（行走），互不干扰。我国人口众多，近几年随着轿车进入家庭的步伐加快，道路上的车流量也明显增加，如果机动车、非机动车和行人混行在同一道路上，会增加交通事故。因此，法律规定，行人和车辆各行其道。

（3）确保交通安全的原则。根据粗略统计，在我国交通事故的发生原因中，各种交通违章占90％以上。交通法规是公民的生命之友，每个人都必须遵守交通法规，不做违反交通法规的事情。如果遇有交通法规没有明文规定的例外情况下，广大中职生必须遵守"车辆、行人必须在确保安全的原则下通行"的原则。

二、步行安全

同学们在道路上行走时，要注意以下几个方面：

（1）严守交通规则。发生交通事故的一个主要原因，是行人不依交通标志横过马路，故车祸时，行人就成了最大的受害者。所以，横过马路时，要走人行横道、地下通道或过街天桥。在设有红绿灯的路口穿过马路，要等对面绿灯亮起，不可与汽车抢道。没有交通信号控制的人行横道，须注意车辆，不准追逐猛跑。在一些小的城镇和乡间，马路不设人行横道，过马路时要一慢二看三通过，千万不能在车辆临近时突然猛跑横穿马路。察看近处是否有车驶来，要先看左边，因为首先威胁行人的是左边来的车辆。看车时要学会目测车速和距离，如果车速很快，即使相隔有较长一段距离，也宁可让它先过。通过铁路道口，要服从指挥信号和看守人员的指挥。没有信号或无看守人员的道口，通过时须看清左右，确认安全后再通行。

（2）步行在街道或公路上，要走人行道，没有人行道的地方，靠路的右边行走，不要往路的内侧靠近。步行时精神集中，不要边走边玩，或是在车来人往的地方边听音乐（用耳塞）边走路。不要为了方便和省力，而去翻越马路或铁道口的护栏，或是在道路上扒车、追车和强行拦车，这样很容易造成事故。

（3）横穿没有交通信号灯的公路或街道时，要走人行横道（没有人行横道的路段要直行到有人行横道的地方通过），并且注意主动避让来往车辆，不要在车辆临近时抢行。

（4）穿越没有人行横道线的马路时，要做到：第一，穿马路前，先在路边停一下，据有关专家估测，如果每个人都能在穿越马路前暂停一下，就可至少减少一半的交通事故。第二，先看左边有无来车，再看右边有无来车。因为车辆都靠右行驶，从左边过来的车辆离过马路的人距离近些，一旦漏看，潜在危险是很大的。第三，在看清确定没有车辆过来，应尽快直行通过，不要停下来，做系鞋带、捡东西之类的事情。

（5）不要翻越道路中央的安全护栏和隔离墩。不要突然横穿马路，特别是马路对面有熟人、朋友呼唤，或者自己要乘坐的公共汽车已经进站，千万不能贸然行事，以免发生意外。

（6）不得在道路上使用滑板、旱冰鞋等滑行工具，不得在车行道内坐卧、停留、嬉闹，不得扒车、强行拦车，不得实施追车、抛物击车等妨碍道路交通安全的行为。

（7）在雾、雨、雪天，最好穿着色彩鲜艳的衣服，以便于机动车司机尽早发现目标，提前采取安全措施。下雪时行走，或走在积雪时间较长的路上，最重要的是步幅放小且保持固定步调，靠自己的步伐有节奏地走。如果积雪仅到埋过鞋子的程度，几乎不影响到步伐，可如履平地般的行走。若积雪深及腰部，就得用自己的脚和腰推开摆在眼前的雪，采取步步为营的走法即所谓"除雪前进的方法"，以尽量减轻疲劳，除雪前进的要诀是，将自己的身体（尤其是上半身）倾向前行方向，靠自己的重心和自己的体重推开雪往前进。

（8）夜间走路要防止意外事故的发生。因为夜里走路，能见度低，必须格外小心。不然，有可能会滑进路旁的阴沟里、摔进施工挖的土坑里或掉下桥、山洞，后果不堪设想。所以，夜间行走时，要尽量走自己熟悉的路段，注意观察路面的情况，及时发现异常情况，以防不测。

（9）集体外出时，最好有组织、有秩序地列队行走；结伴外出时，不要相互追逐、打闹、嬉戏；行走时要专心，注意周围情况，不要东张西望、边走边看书报或做其他事情。

三、骑车安全

我国交通法规规定，未满12周岁，不准在道路上驾驶自行车（三轮车）。驾驶电动自行车和残疾人机动轮椅车必须年满16周岁。对于年龄较大的同学骑自行车，则应当注意以下内容：

（1）要经常检修自行车，保持车况完好。车闸、车铃是否灵敏、正常，车胎、链条是否完好，这些尤其重要。

（2）骑自行车要在非机动车道上靠右边行驶，不逆行；转弯时不抢行猛拐，要提前减慢速度，看清四周情况，以明确的手势示意后再转弯。电动自行车在非机动车道内行驶时，最高时速不得超过15公里。

（3）不得在道路上骑独轮自行车或二人以上骑行的自行车。

（4）经过交叉路口，要减速慢行、注意来往的行人、车辆；不闯红灯，遇到红灯要停车等候，待绿灯亮了再继续前行。

（5）不能逞能穿行、超越前方自行车时，不要靠得太近，不要速度过快，同时在超越前车时，不准妨碍被超车的行驶。

（6）自行车（三轮车）不得加装动力设置。

（7）骑自行车（电动自行车、三轮车）在路段上横过机动车道，应当下车推行，有人行横道或者行人过街设施时，应当从人行横道或行人过街设施通过；没有行人过街设施或不便使用行人过街设施的，在确认安全后直行通过。

（8）骑车时不要手中持物，不要双手撒把，不多人并骑，不互相攀扶，不互相追逐、打闹。

（9）骑车时不攀扶机动车辆，以免被剐倒；不载过重的东西；骑车时要精神集中，不要戴耳机听广播或听随身听。

（10）通过陡坡、横穿四条以上机动车道、夜间灯光眩目或途中车闸失效时，须下车推行，但切记不要突然停车，下车前必须伸手上下摆动示意，不准妨碍后面车辆行驶。

（11）骑自行车不准载人，因为自行车的车体轻、刹车灵敏度低，轮胎很窄，如果载人的话，车子的总重量增加，容易失去平衡，遇到突发情况时，容易发生事故。

（12）学习、掌握基本的交通规则知识。

雨雪天气骑自行车应注意以下事项：

（1）骑车途中遇雨，不要为了免遭雨淋而埋头猛骑。

（2）雨天骑车，最好穿雨衣、雨披，不要一手持伞，一手扶把骑行。

（3）雪天骑车，自行车轮胎不要充气太足，这样可以增加与地面摩擦，不易滑倒。

（4）雪天骑车，应与前面的车辆、行人保持较大的距离。

（5）雪天骑车，要选择无冰冻、雪层浅的平坦路面，不要猛捏车闸，不急拐弯，拐弯的角度也应尽量大些。

（6）雨雪天气。道路泥泞湿滑，骑车要精力更加集中，随时准备应付突发情况，骑行的速度要比正常天气时慢些才好。

四、乘车安全

1. 乘坐机动车安全

汽车、电车等机动车是人们最常用的交通工具，为保证乘坐安全，应注意以下几点：

（1）乘坐公共汽（电）车，要排队候车，按先后顺序上车，不要拥挤。上下车均应等车停稳以后，先下后上，不要争抢。上车后不要匆匆忙忙找座位，发现老弱病残孕妇及带小孩的人，要主动让座。

（2）不要把汽油、爆竹等易燃易爆的危险品带入车内。

（3）乘车时不要把头、手、胳膊伸出车窗外，以免被对面来车或路边树木等刮伤，也不要向车窗外乱扔杂物，以免伤及他人。

（4）乘车时要坐稳扶好，没有座位时，要双脚自然分开，侧向站立，手应握紧扶手，以免车辆紧急刹车时摔倒受伤。

(5)乘坐小轿车、微型客车时,在前排乘坐时应系好安全带。

(6)尽量避免乘坐卡车、拖拉机,必须乘坐时,千万不要站立在后车厢里或坐在车厢板上。

(7)不要在机动车道上招呼出租汽车。

(8)乘坐公共汽车时,要注意防扒手,携带的财物,要放在安全的地方。上车后不要停留在车门口处,因为车门处上下车人多拥挤,扒手最容易得逞。一旦发现自己在车上丢失财物,要立即告诉司机和售票员,请他们帮助查找。

2. 乘坐火车安全

长途旅行需要乘坐火车,乘坐火车时应注意下列几点:

(1)按照车次的规定时间进站候车,以免误车。

(2)在站台上候车,要站在站台一侧白色安全线以内,以免被列车卷下站台,发生危险。

(3)列车行进中,不要把头、手、胳膊伸出车窗外,以免被沿线的信号设备等刮伤。

(4)不要在车门和车厢连接处逗留,那里容易发生夹伤、扭伤、卡伤等事故。

(5)不带易燃易爆的危险品(如汽油、鞭炮等)上车。

(6)不向车窗外扔废弃物,以免砸伤铁路边行人和铁路工人,同时也避免造成环境污染。

(7)乘坐卧铺列车,睡上、中铺要挂好安全带,防止掉下摔伤。

(8)保管好自己的行李物品,注意防范盗窃分子。

3. 乘坐地铁安全

为了适应现代城市道路交通的需要,许多大中城市发展了地下铁路的交通,极大地缓解了地面交通拥挤的状况。根据形势的发展,地铁必将成为人们出行代步的重要交通工具。因此,广大中职生必须具备乘坐地铁的安全常识。

(1)安全地进站出站。地铁的站台都建在地面以下,有的站设置了电动滚梯,上下都十分方便,有的站没有滚梯,要步行从台阶上逐级走上走下。因此,乘滚梯时不要拥挤,按顺序靠右边上下,站稳扶牢,防止跌伤。上下台阶时不要追跑,既防止挤撞别人,发生危险,又防止自己踩空摔倒。

（2）不携带危险品。地铁是严禁乘客携带以下物品进站乘车的：易燃、易爆、有毒、有害化学危险品，如雷管、炸药、鞭炮、汽油、柴油、煤油、油漆、电石、液化气、各种酸类等放射性、腐蚀性物品，压力容器等危险品，或有刺激性气味的物品；非法持有枪械弹药和管制刀具；气球、锄头、扁担、铁锯、铁棒、运货平板推车、自行车、笨重物品，或其他可能妨碍他人在站（车）内通行，危及乘客人身安全和影响地铁运营秩序的超长、超宽、超高的物品。地铁工作人员一旦发现乘客携带以上物品进站，将有权暂扣其物品，并拒绝其进站乘车，或交公安机关依法处罚。

（3）安全地上下车。地铁列车到达车站后，应该按照箭头指示方向上下车，先下后上，千万不要拥挤；上下车时要小心列车与站台之间的空隙，照顾好同行的小孩和老人；同时留意屏蔽门和列车门开关，屏蔽门灯和车门灯的闪烁、关闭的警铃鸣响时都不要上下车；屏蔽门如不能自动开启时，可按下屏蔽门上的绿色按钮，手动开启屏蔽门，而带有绿色横杆的应急门，用手推动横杆也可开启。

（4）乘车安全。乘车时乘客一定要紧握扶手，不要倚靠车门，以免影响车门开启；乘客如果身体有不适，尽可能在下一站下车，然后向车站工作人员求助。应该特别注意的是，当车门正在关闭时，切勿强行上下车。

（5）在乘坐地铁时可能还会遇到一些特殊情况：若你的物品掉落轨道，千万不要自行取物，可联系车站工作人员寻求帮助；车站如有紧急情况需要疏散时，千万不要慌乱，不要拥挤，要听从指挥，留意广播，使用离自己最近的楼梯、扶梯、出入口，快速离开车站；若车上发生火灾，应该按压列车上的报警按钮联络司机，按照司机或工作人员的指引尽快离开车站。

五、乘电梯安全

电梯是一种日常的现代化立体交通工具，但是它在为人类带来方便的同时，偶尔也显现出无情的一面。尽管人们把它列入特种危险设备行列予以防范，但它每年还是会吞噬少数莽撞无知者的生命。但，中职生们大可不必为此而感到不安，因为现代电梯早已具备了稳妥、安全、快捷等特点，只要遵循下述三则，便可保平安。

1. 绝不扒门一步跨

如果能始终规规矩矩地使用按钮呼梯，在任何状况下都不扒门，那么乘电梯的安全系数便会大增。因为事故分析表明，电梯事故有70％以上都发生在梯门上，且大多数与扒门有关。何以至此呢？懂得电梯结构的人都知道，从外面扒开梯门，无异于在你脚前突然出现一个陷阱；从里面扒开梯门就有被剪切、挤压、擦剐之险。因此，乘电梯时一定要看清了再步入，待梯子停稳了，门开后再走出。

此外，当你用按钮呼来了电梯，或者是乘梯到达目的层，看准后还要一步跨入、跨出。尽管在此状态下，电梯也设置了有效的保护装置，但还是出现过电梯误动伤人的例子。因此，最好不要在地坎与梯门坎临时对接地带滞留，至少要让自己的重心偏离中间。

2. 受困轿厢不乱来

乘电梯也可能不巧被困在里面，这如同堵车一样很正常，因而没必要惊慌，更不能因此而乱扒、乱踢、乱鼓捣。要知道,困在轿厢之中并无危险,但乱来则是导致事故的祸因。这也是电梯事故的一大类型。因为突然停梯的原因有很多种,可能是停电所致,也可能是其他原因造成,在不知晓原因之前,一切莽撞的逃离行为皆属盲目冒险之举。

其实此时,最合适的选择就是听司机的招呼。如果你所乘电梯处于无司机的自动运行状况,那你就在操纵面板上寻找警铃按键(或采用轿内电话)向外呼救,因为只有安全规范的解救办法才是最可靠的。

3. 出现异常不惧怕

如果很不走运,你在轿厢内遇上了电梯失控,那你还是应当老老实实地呆在里面"任其风吹浪打",而并不会有何危害,大不了经受几下冲击振荡而已。因为失控后电梯还有好几套可靠周密的保护装置,保护你安全"着陆"。在这种情况下,一怕你过度惊慌,二怕你逃离心切。要知道,这时的逃离之害甚于受困轿厢之中。

事实上,碰上异常情况,你老老实实待在轿厢内才是安全的唯一选择,其他行为均有危险。可见,要做一个安全乘客真还要有点处变不惊的风度。

六、乘轮船安全

我国水域辽阔,人们外出旅行,会有很多机会乘船,船在水中航行,本身就存在遇到风浪等危险,所以乘船旅行的安全十分重要。

(1)为了保证航运安全,凡符合安全要求的船只,有关管理部门都发有安全合格证书。同学们外出旅行,不要乘坐无证船只。

(2)不乘坐超载的船只,这样的船安全没有保证。

(3)严守船上的规章制度,严禁带火种到处走动,严禁带易燃易爆等危险品上船。

(4)上下船要排队按次序进行,不得拥挤、争抢,以免造成挤伤、落水等事故。

(5)天气恶劣时,如遇大风、大浪、浓雾等,应尽量避免乘船,更不要去划船。

(6)不在船头、甲板等地打闹、追逐,以防落水。不拥挤在船的一侧,以防船体倾斜,发生事故。

(7)乘船时,在候船室不能到处乱跑,不要站在扶梯口,不要攀登安全护栏,在船上不要随意跨过"旅客止步"的界限;船上的许多设备都与保证安全有关,不要乱动,以免影响正常航行。上轮船后,要弄清安全通道的方位和救生设备放置的地方。

(8)夜间航行,不要用手电筒向水面、岸边乱照,以免引起误会或使驾驶员产生错觉而发生危险。

(9)要把自己的行李物品放在可以看到的近处,提高警惕,以防被盗。当发现作案分子或可疑人员时,要及时大胆向乘警或乘务员报告、检举。

(10)一旦发生意外,要保持镇静,听从有关人员指挥。

七、乘飞机安全

1. 安全乘飞机八招

随着社会的发展和人们生活水平的提高,飞机作为交通工具,越来越普遍,它的快速为人们所青睐。虽然飞机是目前比较安全的交通工具,但由于各种原因,也存在危险,而且飞机一出事故就难以挽救,且影响巨大,因此,中职生们要懂得如何安全地乘坐飞机。专家指出,只要能遵守以下原则,就可以使飞行旅程更安全。

(1)选择直飞班机,避免转机次数过多。据美国飞行安全专家的调查,多数空难发生于飞机起飞、下降、爬升及跑道滑行之时,倘选择直飞班机,可减少起降的次数,避免意外发生。

(2)机型与座位选择。所乘飞机的座位至少应在 30 个以上。飞机体积越大,受各种安全检查的次数就越多,并且检查得越严。同时,在发生意外时,大飞机旅客的生存率比小飞机高。

(3)熟记空姐做的飞行安全示范。各种机型都有紧急出口,乘客上飞机后应细心聆听空姐讲解的飞行安全须知,熟悉紧急出口的位置及其他安全措施,以免遇到紧急情况手足无措。

(4)大件行李切勿随身携带上飞机。有许多乘客往往为了节省"等领行李"的时间,喜欢随身携带大件行李上飞机,这实际上不利于安全。专家指出,飞机发生紧急事故时,座位上方"物柜"会因承受不了重量而裂开,导致大件行李掉落,从而危及乘客的安全。

(5)随时注意系紧安全带。飞机遇到气流或翻滚时,系紧安全带可防止碰撞,多了一份安全。

(6)务必按照空姐的指挥应变紧急事故。空姐长年在飞机上工作,有相当丰富的经验,维护旅客安全也是空姐的首要任务。因此,紧急事故发生时务必听从空姐的指挥。

(7)少喝酒及含酒精的饮料。酒精可使人的紧急应变能力下降,丧失逃生能力,因此,坐飞机时自我约束酒量很重要。

(8)乘飞机时尽量穿棉质地的衣服,最好不要穿容易燃烧的化纤衣服。特别是女性不宜穿丝袜。因为几乎所有发生空难的飞机都会起火,如果穿上容易燃烧的衣服,即使生还也可能被烧伤。曾有一位在空难中生还的空姐,全身其他地方都完好无伤,就因为丝袜着火而造成双腿烧伤。

至于飞机上哪个位置比较安全,则没有定论。飞机前部在飞行时比较安静平稳,但在大多数的空难中,飞机前部最早发生碰撞,受到的冲击力最大。客机的油箱通常位于机翼下方,发生爆炸意外时中部最危险。飞机的尾部在飞行时晃动较大,在遇到气流震荡时容易发生危险。但也有非正式的统计显示,空难时,坐在机尾乘客的生还率比较高,正因为此,飞机的黑匣子一般装在机尾。

2. 危急情况应对策略

(1)飞机最易发生危险是在起飞和降落的时候,因此起飞时应该花几分钟仔细观看安全须知录像或乘务人员的演示,以保证碰到紧急情况时,心中有数。

(2)各种不同机型的逃生门位置都不同,乘客上了飞机之后,要留意与自己座位最近的一个紧急出口。要学会紧急出口的开启方法(一般机门上会有说明),飞机万一失事,可能要在浓烟中找寻出口,把门打开。

(3)把椅背袋里的紧急措施说明拿出来看一遍。

(4)意外发生时,机上乘客应该保持冷静,一定要听从乘务人员的指示,毕竟乘务人员在飞机上的首要任务就是为了维护安全,而且他们都受过严格训练,善于应付紧急事故。

(5)竖直椅背。突发紧急状况时,打开的椅背会把后方乘客的逃生通道卡住。

(6)收回小桌板。保证自己这一排逃生通道畅通。

(7)打开遮阳板。这样可以保持良好的视线,以确保乘客可以在紧急状况发生时看到机外的情形,以决定向哪一个方向逃生。

(8)摘下眼镜、项链、戒指、假牙和高跟鞋,口袋里的尖锐物件,如手机、钢笔等也应该拿出来。

(9)如果自己或别人受伤,应尽快通知乘务人员。

八、学校内部交通安全

学校内部的交通不像社会上那样拥挤,但是却有其特殊的问题存在,主要是:

(1)路面窄,转弯抹角多,容易出事故。

(2)流量不均衡,有的地段流量小,有的地段流量大。

(3)时间上相对集中,开学以后,放假前夕或遇大型集会、文体活动,是交通秩序最为混乱的时期。

(4)与校外交往多,而校内的交通路线并不全为校外的驾驶员熟悉。

(5)交通安全设施往往被人为忽略,专职交管人员缺乏。

这些因素的存在,决定了貌似清静幽雅的校园也难免发生交通事故。如某校举行校季篮球赛,外校一辆送运动员的交通车驶入,无人指挥,在转弯处将一迎面骑自行车的女学生撞倒,造成重大事故。了解上述这些特点,作为一个中职生就应该意识注意如下几个问题:

(1)切莫错误地认为校内无危险,要树立交

通安全观念,时时提高警惕;

(2)熟悉校内路线地形,记住容易出事故地段;

(3)走路留神,见到各种车辆提前让路,防止那些认为"校内可以不讲交通规则"的人意外肇事;

(4)骑车、驾车要慢速行驶,复杂地段要缓缓而行,必要时骑车人员可下车推行。

九、交通事故应急处理

1. 交通事故主要应急措施

一旦发生交通事故后:

(1)及时报案。应及时将事故发生的简要情况(打电话112或110)向公安机关或值勤民警报案。

(2)保护现场。保护现场的原始状态,不得故意破坏伪造现场。

(3)抢救伤员和财物。当确认受伤者的伤情后,能采取紧急抢救措施的应尽最大努力抢救、设法送附近医院抢救治疗。

(4)做好防火防爆措施。如果车辆上装有危险品,还应及时通知消防部门,做好防范措施。

(5)协助现场调查取证。有关人员必须如实向公安机关陈述事发经过,配合警察做好善后处理工作。

2. 遇险后的急救常识

(1)遇有交通人身伤害事故时,在无人救助情况下,要尽可能移至安全地带,以免再次受伤。

(2)保持镇静、放松过度紧张的心情,针对伤势情况采取止血、包扎、固定等自救措施。

(3)对暴露的伤口要尽可能先用干净布覆盖,再进行包扎,以保护好伤口。

(4)不要取出伤口内异物,不要随便清理伤口,避免损伤神经、血管。伤口禁止用水冲洗和随意涂抹药物,避免伤口感染。

(5)利用身边现有材料如三角巾、手绢、布条等折成条状缠绕在伤口上方,用力勒紧,可起到止血作用。

(6)如有骨折要尽可能减少移动,或利用现有材料固定骨折部位,避免骨折断端刺伤皮肤、血管和其他部位。

(7)扶托受伤部位,可以减轻痛苦。

(8)利用现有的衣物设置明显标志。如果是夜晚,应根据情况,尽可能转移到有照明或易被发现的位置,以便引起过往行人、司机注意,及时得到救助。

十、常用道路交通标志

1. 什么是道路交通标志

道路交通标志是用图形符号、颜色和文字向交通参与者传递特定信息,用于管理交通的设施。道路交通标志分为主标志和辅助标志两大类。主标志又分为:警告标志、禁令标志、指示标志、指路标志、旅游区标志和道路施工安全标志。辅助标志是指紧靠主标志下缘,起辅助说明作用的标志。其形状为长方形,颜色为白底、黑字、黑边框。用于表示时间、车辆类型、警告和禁令的理由、区域或距离等主标志无法完整表达的信息。

2. 警告标志

警告标志是警告车辆和行人注意危险地点的标志。其形状为正等边三角形,颜色为黄底、黑边、黑图案。

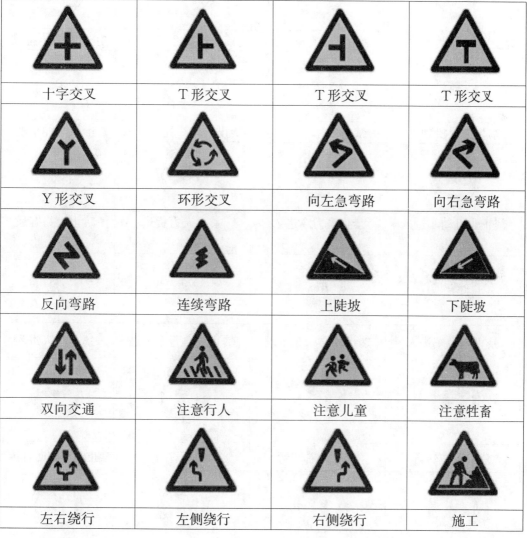

十字交叉	T 形交叉	T 形交叉	T 形交叉
Y 形交叉	环形交叉	向左急弯路	向右急弯路
反向弯路	连续弯路	上陡坡	下陡坡
双向交通	注意行人	注意儿童	注意牲畜
左右绕行	左侧绕行	右侧绕行	施工

3. 禁令标志

禁令标志是禁止或限制车辆、行人交通行为的标志。其形状通常为圆形,个别为八角形或顶点向下的等边三角形。其颜色通常为白底、红圈、红斜杆和黑图案。

禁止通行	禁止驶入	禁止机动车驶入	禁止载货汽车驶入
禁止三轮机动车驶入	禁止大型客车驶入	禁止小型客车驶入	禁止汽车拖、挂车驶入
禁止拖拉机驶入	禁止农用车驶入	禁止二轮摩托车驶入	禁止某两种车驶入
禁止非机动车进入	禁止畜力车进入	禁止人力货运 三轮车进入	禁止人力客运 三轮车进入
禁止人力车进入	禁止骑自行车下坡	禁止骑自行车上坡	禁止行人进入
禁止向左转弯	禁止向右转弯	禁止直行	禁止向左和向右转弯
禁止直行和向左转弯	禁止掉头	禁止超车	解除禁止超车

禁止鸣喇叭	限制宽度	限制高度	限制质量
限制轴重	限制速度	解除限制速度	停车检查
停车让行	减速让行	会车让行	禁止运输危险物品车辆驶入标志

4. 指示标志

指示标志是指示车辆、行人行进的标志。其形状为圆形、正方形或长方形，颜色为蓝底白图案。

向左转弯	向右转弯	直行和向左转弯	直行和向右转弯
向左和向右转弯	靠右侧道路行驶	靠左侧道路行驶	立交直行和右转弯行驶
立交直行和左转弯行驶	环岛行驶	步行	鸣喇叭

最低限速	单行路向左或向右	单行路直行	干路先行
会车先行	人行横道	右转车道	直行车道
直行和右转合用车道	分向行驶车道	公交线路专用车道	机动车行驶
机动车车道	非机动车行驶	非机动车车道	允许掉头

5. **指路标志**

指路标志是传递道路方向、地点和距离信息的标志。其形状,除地点识别标志、里程碑、分合流标志外,为长方形或正方形。其颜色,一般道路为蓝底白图案,高速公路为绿底白图案。

黄河大桥	北京界	顺义道班
著名地点	行政区划分界	道路管理分界

G105	S203	X08
国道编号	省道编号	县道管理分界
←→	→→	香河 崔黄口　下仓 前方 500 m
行驶方向	行驶方向	互通式立交
长椿街　宣武门　前门 ←　↑　→ 前方300m	贵阳 天龙　织金	西单　平安里
交叉路口预告	十字交叉路口	丁字交叉路口
← 王府井 美术馆 →	镇宁 火车站　南华路	中央门 挹江门　太平门 草场门
丁字交叉路口	环形交叉路口	环形交叉路口
香河 北京　天津	↖珠海　南沙↗	P
交叉路口预告	分岔处	停车场
		东三环 DONG SAN HUAN 机场高速 AIRPORT EXPWY 入口 ENTRANCE
避车道	人行天桥人行地下通道	通过互通立交进入高速 公路的入口预告标志

京珠高速 JINGZHU EXPWY 入口 ENTRANCE	虎门高速 HUMEN EXPWY	虎门高速 HUMEN EXPWY 500m
入口	起点	终点预告
终点 200m END 减速慢行 SLOW DOWN	虎门高速 HUMEN EXPWY	下一出口 25km NEXT EXIT
终点提示	终点	下一出口
前方 14 出口 AHEAD EXIT 珠海 南沙 ZHUHAI NANSHA	珠海 ZHUHAI 14 B 出口 EXIT	石家庄 SHIJIAZHUANG
出口编号预告	出口预告 车辆需走直行车 道,由"14B"出口	地点方向
横沥 7km HENGLI 坦尾 12km TANWEI 虎门 28km HUMEN	收费站 TOLL GATE 2km	收费站500m减速 TOLL GATE SLOW DOWN
地点距离	收费站预告	收费站预告
收费站 TOLL GATE	☎	400m
收费站	紧急电话	电话位置指示

加油站	紧急停车带	服务区预告
服务区预告	停车场	爬坡车道
爬坡车道	车距确认	车距确认
车距确认	道路交通信息	

十一、案例警示

案例一

无证驾驶酿成大祸

2004 年 10 月 12 日,云南省迪庆州德钦县燕门乡谷扎村委会在尼通村民小组举办民间斗牛比赛活动。当日 15 时 30 分,春多乐村一村民无证驾驶一辆南骏牌农用货车,搭载前来观看比赛的村民返回,行至德维公路(德钦-维西)K65+100 米处,驶离路面,连车带人坠入澜沧江中,造成 23 人死亡、4 人失踪、11 人受伤的特大交通事故。经现场勘察和调查分析,初步认定事故原因是:驾驶人无证驾车,导致发生事故;货车违章载客;操作处置不当,经现场技术分析,驾车人在经过 25 米半径弯道左转过程中,出现明显的偏向行驶,方向忽左忽右,最终驶离路面坠入澜沧江中。

案例二

全球地铁重大事故一览

专家认为,如何应对突发性的地铁大灾难,是各国面临的严重课题。

2010年3月29日,两名自杀式女性袭击者在莫斯科地铁最忙碌的通勤高峰期内,分别引爆了自己身上藏匿的爆炸装置,造成至少37人死亡,超过90人受伤。

2009年6月22日,美国华盛顿哥伦比亚特区发生一起地铁相撞事故,造成至少9人死亡、76人受伤。

2006年7月3日,西班牙东部城市瓦伦西亚发生地铁列车出轨后倾覆事故,造成至少41人死亡,另有39人受伤。

2005年7月7日,三名自杀式袭击者分别在三列不同的伦敦地铁上引爆了炸弹,这一袭击事件共造成52人死亡,大约700多名无辜的受害者受伤。

2004年3月11日,西班牙首都马德里的地铁系统内发生了一系列有预谋的炸弹袭击,共造成191人死亡,1800多人受伤。

2004年2月6日,俄罗斯首都莫斯科一地铁列车发生爆炸,造成至少41人丧生,约120人受伤。

2003年8月28日,英国伦敦和英格兰东南部部分地区突然发生重大停电事故,伦敦约2/3的地铁路线停运,大约25万人被困在伦敦地铁中。

2003年2月18日,韩国大邱市地铁发生人为纵火事件,导致198人死亡,147人受伤。

2003年1月,英国伦敦发生地铁列车撞月台引发大火事故,造成至少32人受伤。

2001年8月,英国伦敦发生地铁爆炸意外事故,至少造成6人受伤。

2000年6月,美国纽约发生地铁列车出轨意外,89位乘客受伤。

2000年3月,日本日比谷线地铁列车发生出轨意外,造成了3人死亡,44人受伤。

1999年6月,俄罗斯圣彼得堡一地铁车站发生爆炸,造成6人死亡。

1999年5月,白俄罗斯发生地铁车站人数过多,发生意外,54人被踩死。

1998年元旦,俄罗斯莫斯科发生地铁爆炸,造成3人受伤。

1995年3月20日,日本东京地铁车站发生沙林毒气事件,造成12人死亡,5000多人受伤。

1991年6月,德国柏林发生地铁火灾,18人送医院急救。

1990年8月,法国巴黎发生一起地铁车祸,43人受伤。

1990年3月,美国费城地铁3辆列车在客流高峰时段出轨,3人死亡,162人受伤。

1987年11月,伦敦地铁一列车在客流高峰时段失火,30人被烧死,数十人受伤。

1975年2月,伦敦地铁一行进中的列车撞到隧道尽头,40人丧生。

1903年8月10日,法国巴黎地铁一列空置列车着火,令月台浓烟密布,造成100人死亡。

案例三

电梯伤人事故案例

2004年11月23日,海军万寿路干休所,电梯改造施工作业时先将曳引钢丝绳与限速器全部拆除,此时悬挂轿厢绳套断开,轿顶一修理工随轿厢从 16 层坠落至底坑,抢救无效死亡。

该事故是出现在维修改造拆旧梯的过程中,没有有效安全措施将轿厢固定住,而且先行拆除限速器绳,丧失了轿厢超速坠落时的安全保护作用。拆梯操作人员盲目操作,缺乏自身保护的观念,负责拆梯单位在作业前未进行有效安全检查与技术交底。而且,早在四五年前,北京市劳动安全管理针对拆除旧梯伤人事故已强调过安全操作,并推广过一份拆梯安全操作要求。在 9 月初,北京市劳动安全监察管理部门公布了北京市接连发生的 4 次电梯伤人事故,这些仍未引起有关电梯企业重视。

案例四

横穿铁路　俩少女被撞

2005 年 8 月 5 日上午 10 时 30 分左右,两名女孩在北京市北四环展春二桥西侧的铁轨处横穿时被呼啸而来的火车当场撞死。事发不久,过往行人仍在肆意横穿铁道。

据目击者禹先生描述,一名死者被撞到了铁轨旁的小水洼里,另一名死者是列车工作人员从火车下搬出的,其头部已被碾碎。在现场,几缕带血的长发仍在铁轨旁,铁轨西侧的地上散落着一个黑色的头花和绿色头绳。

警方从死者身上找出的一张学生证显示该名学生年仅 19 岁。据警方推测,两死者年龄相仿。

记者在现场发现,事发地点封闭铁轨用的栅栏被部分拆掉,形成豁口。尽管刚刚发生惨剧,从此处横穿铁轨者不断。附近居民陈先生说:"住在附近的人都习惯从这穿行了,为图省事,每天都冒着生命危险。"

记者在清华园站了解到,该段每天经过的列车至少十余趟,这已是此处今年第三起火车撞人事件。据铁路部门的工作人员王先生介绍,此处的防护设施被破坏现象非常严重,常常是刚补装好,就被人拆除破坏。

思考题

1. 如何安全地骑自行车?
2. 乘坐地铁时应注意哪些事项?
3. 如果被困在电梯中该怎么办?

第三章 家庭和校园安全

达标要求：了解居家安全常识以及熟悉家庭用电安全、校园人身和财产安全、实验安全、职业技能训练安全、体育活动安全和学校集会安全,学会处理家庭中毒情况,掌握家庭和学校中意外事故隐患的防范方法。

一、居家安全常识

(1)学会拨打急救电话。平时应当熟记急救、火警等电话号码。在家中,发生意外情况,比如得疾病、发生火灾等时,首先要保持冷静,同时要向救援人员说清楚情况,并说出确切的位置、电话号码和地址,还要到门口去迎一下救护人员,以争取时间。

(2)提高防卫意识,不要随意让陌生人进入楼道电子门。一个人单独在家时,一定要锁好防盗门、院门;当有人敲门时,应当首先从窥视孔中或门窗玻璃上看清来人。一般来访者大多是家里人认识的,如果不认识,必须先问明其身份,同时要察言观色,千万不要贸然开门,否则容易发生危险。如果来访者自称是父母的同事、朋友,不要随便让人进屋,可与父母核对,并让来访者去父母的工作单位去找。如果来访者自称是修理煤气管道、试暖气、查电表或推销的,一定不要让其进门。

(3)当有陌生人强行进入室内时,一定要保持冷静,与之周旋,冷静应付。比如把窗户玻璃击碎,向外面发出求救信号,在阳台或窗口高呼求救,或寻找机会逃跑,或寻找机会快速拨打 110 报警。

(4)平时要养成随手关门的习惯,出门时将家内的报警器置于警戒状态。进出家门的时候要注意是否有陌生人跟踪,如果有,一定要提高警惕。

(5)走进家门发现门窗异常,比如发现锁被毁,门虚掩着,这时千万不要急于进去,要学会冷静观察,立即不露声色地走过,然后迅速拨打 110 报警。

(6)当发现贼正在试图进入你的家中时,不要害怕,可以大喊大叫,这样,吓走贼的可能性比较大,并立即拨打 110 报警。当在家中发现有贼时,尽量不要惹恼他,否则可能会受到伤害。因为你身单力薄,要学会智取。要小心观察,记住贼的特征,等其走后,立即报警。

二、家庭用电安全

随着社会的发展,电的使用越来越普及,家用电器种类也越来越多。电给人们的生活带来极大便利的同时,用电安全隐患也大大增加了,触电伤亡的事故时有发生。中职生应当关注用电安全,了解和掌握安全用电常识,安全使用各种家用电器,确保自己在用电过程中不发生危险。

(1)入户电源总保险与分户保险应配置合理,使之能起到对家用电器的保护作用。入户电源线避免超负荷使用,破旧老化的电源线应及时更换,以免发生意外。

(2)室内的电线不能乱拉乱接,灯线不要过长,不要拉来拉去使用,千万不要使用多驳口和残旧的电线,否则容易造成触电和火灾。

(3)开关、插座和用电器具损坏或外壳破坏时,应及时修理或更换,未经修复不能使用,进行家用电器修理必须先切断电源。

(4)电熨斗、电吹风、电热梳、电烙铁、电炉等电热器具不要直接放在木板上或靠近易燃物品,对无自动控制的电热器具用后要随手关电源,以免引起火灾。

(5)家用电器的金属外壳必须与保护线可靠连接,室内要设有公用地线。单相三眼插座内上方的接线螺丝应接保护线,保护线与户外低压电网的保护中性线或合格的接地装置可靠连接。

(6)不要用湿手触摸灯头、开关、插座和用电器具。不能用湿布擦拭使用中的家用电器;擦拭灯头、开关、电器时,要断开电源后进行,更换灯泡时,要站在干燥木凳等绝缘物上。

(7)家用电器电热设备、暖气设备一定要远离煤气罐、煤气管道,发现煤气漏气时千万不能拉合电源,应先开窗通风,并及时请专业人员修理。

(8)发现家用电器损坏,应请经过培训的专业人员进行修理,不要私自拆卸,防止发生电击伤人。

(9)常用家电使用禁忌:

电冰箱最忌倾斜。因为压缩机是用三根避震簧挂在密封的金属容器中的,一倾斜就有脱钩的危险,压缩机内部的润滑油有可能流入制冷系统,影响制冷效果。

收录机最忌碰弯主导轴。录音机的机芯上有一根加工精度非常高的主导轴(与惯性轮为一体),如果将主导轴碰弯,会产生难以消除的颤音。

洗衣机最忌倒入开水。倒入开水容易造成塑料箱体或组件变形,也会造成波轮轴密封不良,形成漏水。所以使用洗衣时,应先加入冷水再加入热水,且水温不宜过高。

电视机要放在通风、干燥的地方;避免震动、冲击、碰撞、温度骤热或湿热条件下引起电线短路;电视机在收看过程中,若发现屏幕上有不规则黑点(线)、亮度突然变暗、图像扭曲变形、机器冒烟或发出焦味、开机后荧光屏不亮而关机后出现一亮点等现象,都应关机停用。

电风扇最忌碰撞风叶。风叶变形会导致转不平衡,形成风量小、振动大、噪音高,缩短使用寿命。变形了的风叶千万不能使用。

电饭煲最忌碰撞内胆。碰撞使内胆底部变形,不能与电热板很好地吻合。另外也忌煮酸、碱食物及用醋、食盐、碱等腐蚀金属内胆,缩短使用寿命。

电热褥最忌折叠。若经常折叠会使电阻线折断,发生短路或断路。轻者电热褥不发热,重者降低其绝缘性能,甚至会发生触电事故。

电子照相机、袖珍收录机最忌不使用时把电池放在机器内,时间一长,电池会腐蚀机器内部,一旦线路板被腐蚀,很难修复。

三、家庭中毒处理

1. 家庭装修中毒的紧急处理

(1)甲醛:尽快脱离甲醛浓度高的环境,注意保暖,避免活动。出现中毒症状者要到医院就诊。

(2)氨:尽快脱离氨污染的环境,转移到空气新鲜处。严重者尽快到医院治疗。

(3)苯系列物:立即脱离现场至空气新鲜处,脱去污染的衣着,用肥皂水或清水冲洗污染的皮肤,注意休息。有中毒表现者到医院诊治。

2. 家庭化学品中毒的紧急处理

(1)发胶:眼睛、皮肤接触可用大量清水冲洗,出现中毒症状者到医院就诊,过敏者避免继续使用。

(2)润肤品:误食不含溴酸盐、硼砂的冷霜类化妆品无需处理。若摄入含有溴酸盐、硼砂的化妆品,应口服催吐药物或人工催吐,催吐后口服牛奶。出现中毒表现者到医院治疗。

(3)脱毛剂:误服者要立即口服催吐药物或手法催吐,催吐后给患者口服牛奶或活性炭。发生过敏反应时立即停用脱毛剂。出现中毒表现者到医院治疗。

(4)染发剂:皮肤污染要及时用清水冲洗。误食者要及时口服催吐药物或手法催吐,催吐后给患者口服活性炭。出现中毒表现者要及时到医院就诊。

(5)空气清新剂:皮肤接触后要立即用肥皂和凉水彻底清洗。口服者可口服催吐药物或手法催吐,3小时内不要口服牛奶和含脂肪高的食物。出现中毒症状者要及时到医院治疗。

(6)厕所清洁剂:皮肤接触者要立即用清水冲洗皮肤至少15分钟。衣服污染时要立即脱去衣服,并直接用水冲洗衣服被污染的部位。溅入眼睛者要及时用流动水冲洗眼部至少15分钟。冲洗时需将眼睑分开。口服者若在10分钟以内,可一次口服清水1000毫升或大量饮用牛奶,但如口服时间已超过10分钟,就不能饮用任何液体了。不可催吐,因催吐时反流的酸性液体腐蚀食道和咽喉。对神志清醒者可让其用清水漱口并吐出,对有烧灼感或其他中毒表现者要立即到医院诊治。

(7)消毒防腐杀菌产品:眼中溅入后要尽快用清水冲洗,持续时间不少于20分钟。皮肤接触者要尽快脱去污染的衣物,用肥皂和凉清水彻底清洗。对口服量少,仅出现恶心、呕吐者可口服牛奶,一般能够较快的恢复正常。对接触量较大或虽接触量少但出现局部或全身中毒改变者要迅速到医院治疗。

(8)餐具、果蔬洗涤剂:溅入眼睛后,要及时用清水冲洗。误服者可口服牛奶或温开水,无需催吐。

3. 煤气中毒的紧急处理

一般轻微煤气中毒的症状,如头昏、脑胀、恶心、呕吐等。一般严重煤气中毒的症状,如四肢无力、昏迷不省人事、口吐白沫等。遇到煤气中毒的情况,不妨参照以下几条进行处理:

(1)应尽快让患者离开中毒环境,并立即打开门窗,流通空气。

(2)患者应安静休息,避免活动后加重心、肺负担及增加氧的消耗量。

(3)有自主呼吸,充分给以氧气吸入。

(4)神志不清的中毒者必须尽快抬出中毒环境,在最短的时间内,检查患者呼吸、脉搏、血压情况,根据这些情况进行紧急处理。

(5)呼吸心跳停止,立即进行人工呼吸和心脏按压。

(6)呼叫120急救服务,急救医生到现场救治病人。

(7)病情稳定后,将病人护送到医院进一步检查治疗。

(8)争取尽早进行高压氧舱治疗,减少后遗症。即使是轻度、中度也应进行高压氧舱治疗。

四、校园暴力

近几年来校园暴力有上升趋势,学生在校内外被欺侮、辱骂和殴打等事件增多,学生在学校门口附近,在上学、放学和晚自习的归途中被勒索、被要挟或被绑架的事件也时有发生。一些地方的职业学校和中小学接连发生危及学生生命安全的恶性案件和伤害事故,造成了难以挽回的损失。校园暴力呈现流动性、团伙化倾向,社会暴力入侵校园,引发跨校、跨区的校园恶性案件,如凶杀、绑架、劫持等暴力已有多起报道。面对这种情况,校园暴力现象应当引起关注。

1. 校园暴力事件发生的原因

学校是社会的一部分,校园暴力事件的发生,有学校内部的原因,也有社会的影响。总体上看,主要有以下几个方面的原因:

(1)不良文化的影响。青少年非常容易受一些媒体反映出来的不良文化影响,他们对事物的辨别与抵制能力比较低。比如,上个世纪 90 年代有些港片制造的黑社会性质的青少年团伙形象,非常受内地青少年的青睐,很多青少年在刻意模仿。这类不良文化对成长中的青少年影响之大、之坏是难以始料的。

(2)学校教育的孱弱。学校教育中忽视了对学生的心理疏导、健康人格的形成和精神支柱的铸造。那些将暴力当儿戏的青少年,正处在自我价值的形成阶段,渴望得到社会、老师和家长的认同。但由于他们的学习成绩不好,学校对他们基本上是放手不管,他们内心的痛苦、心理的需求无人问津。面对这种情况,他们无可奈何,对社会、对人生还能说些什么、做些什么呢?

(3)社会暴力的一部分。很多校园暴力事件都是社会暴力的一部分,很多事件都与社会暴力有关。在黑社会势力比较猖獗、频繁作案的地方,校园中的有些案件只是他们所作案件的一部分。

校园暴力的发生,对社会、学校、学生都造成了严重危害。它的存在,影响了社会安定,扰乱了学校正常的教学秩序,玷污了学生的心灵,对他们的成长极为不利。一些曾在放学回家的路上受到过袭击的同学说:“现在,我一走到那个地方,心情就紧张,害怕再受骚扰,心有余悸。”因此,铲除校园暴力刻不容缓。

2. 如何避免校园暴力

不管是什么形式的暴力侵害,对受到侵害的学生来说,永远都是难以诉说的痛,因此,中职生应从自身角度尽早学会如何避免校园暴力。

(1)尽量不要独处。在学校的时候,学生要尽量和老师、同学在一起,经过楼梯等地方要提高警惕。有人挑衅时,不要理睬,也不要表现出害怕。

(2)不要带太多现金。在目前应对校园暴力尚缺乏行之有效的措施时,许多老师都认为,学生在学校里最好不要带贵重物品,每天身上带的现金也不要多,否则很容易成为“坏学生"欺负的对象。

（3）尽量不要发生正面冲突。如遭同学暴力威胁，最好不要发生正面冲突，逃开为妙，并及时告诉老师和家长，及早解决问题。

（4）出门不走偏僻小道。平时应该学会如何保护自己，如出门结伴而行，不走偏僻小道等。

五、校园盗窃

随着人民生活水平的提高和科学技术的发展，学生们随身携带的贵重物品也随之增多。由于校园是个相对安全的地方，学生们在校园里防盗意识不强，对盗窃这样的行为没有思想准备，因此社会上不少盗窃团伙和盗窃分子趁虚而入，同时有些学生也会沾染上偷窃的恶习，偷窃学生们的贵重物品和现金，使部分学生蒙受经济损失和身体伤害。这些现象给中职生们发出警告，即使在校园里也要注意自己物品和财产的安全，防止扒窃。

1. 校园盗窃案件的行窃方式

（1）顺手牵羊——作案分子趁主人不备将放在桌子、床上、走廊、阳台等处的钱物信手扯来而占为己有。

（2）乘虚而入——作案分子趁主人不在、防盗抽屉未锁之机入室行窃。这类盗窃手段要比"顺手牵羊"者毒辣，其胃口也比"顺手牵羊"者更大，不管是现金、存折、信用卡，还是贵重物品，只要让他看到，就会统统盗走。

（3）窗外钓鱼——作案人用竹竿等工具在窗外将被害人的衣服钩走。有的甚至把纱窗弄坏，钩走被害人放在桌上、床上的衣物。因此，住在一楼或其他楼层靠近走廊窗户的同学，如果缺乏警惕很容易受害。

（4）翻窗入室——作案人翻越没有牢固防范设施的窗户、气窗等入室行窃。入室窃得所要钱物后，常又堂而皇之地从大门离去，因此盗贼有时不易被发现。

（5）撬门扭锁——作案分子使用工具撬开门锁后入室行窃。这种犯罪分子手段毒辣，入室后还会继续撬抽屉或箱子上的锁，翻箱倒柜，盗走现金、各种有价证券和各类贵重物品。采用这种方式的犯罪分子基本都是外盗。

（6）用他人的钥匙开锁盗窃——作案分子用甲随手乱丢的钥匙，趁甲不在宿舍时打开甲的锁，包括门锁、抽屉锁、箱子上的锁，从而盗走现金和贵重物品等。这类作案人大都是与甲比较熟悉的人。

2. 防盗的基本方法与发生盗窃案件的应对办法

学生宿舍和教室的防盗工作，要注意做到以下几点：

（1）最后离开教室或宿舍的同学，要关好窗户锁好门，千万不要怕麻烦。同学们一定要养成随手关灯、随手关窗、随手锁门的习惯，以防盗窃犯罪人乘隙而入。

（2）不要留宿外来人员。学生应该文明礼貌，热情好客，但决不能只讲义气、讲感情而不讲原则、不讲纪律。如果违反学校学生宿舍管理规定，随便留宿不知底细的人，就有可能会引狼入室，这种教训是惨痛的。

一旦发生盗窃案件，同学们一定要冷静应对：

（1）立即报告学校保卫部门，同时封锁和保护现场，不准任何人进入，不得翻动现场的物品，切不可急急忙忙地去查看自己的物品是否丢失。这对公安人员准确分析、正确判断侦察范围和收集罪证，有十分重要的意义。

（2）发现嫌疑人，应立即组织同学进行堵截，力争捉拿。

（3）配合调查，实事求是地回答公安部门和保卫人员提出的问题。积极主动地提供线索，不得隐瞒情况不报，同学们也不必担心，因为学校保卫部门和公安机关有义务、有责任为提供情况的同学保密。

（4）如果发现存折或银行卡被窃，应当尽快到银行挂失。

3. 几种特殊易盗物品的防盗措施

（1）现金：最好的保管现金办法是将其存入银行。密码应选择容易记忆且又不易解密的数字，切忌使用自己的出生日期做密码。存折、信用卡不要与自己的身份证、学生证放在一起，以防被盗窃分子一起盗走后冒领。发现存折丢失后，应立即到所存银行挂失。

（2）有价证卡：各种有价证卡应放在自己贴身衣袋里，袋口应配有纽扣或拉链，如参加体育锻炼等活动必须脱衣服时，应将有价证卡锁在自己的箱子里，并保管好自己的钥匙。

（3）自行车：安装防盗车锁，养成随停随锁的习惯，骑车去公共场所，最好花钱将车停在存车处；自行车一旦丢失，应立即到学校保卫部门报案，以便及时查找。

（4）贵重物品：笔记本、手机、钱包等贵重物品要随身携带，妥善保管。如遇特殊情况不易携带时，应锁在宿舍衣柜内，切记不要乱扔乱放。放在书包内的贵重物品，到图书馆等地存包时，应将贵重物品取出，不要用书包在教室、食堂等地占座位，以免有人趁机盗窃。

六、实验安全

实验课有利于培养学生的观察能力、思维能力、实践能力和创造能力。但是学生在实验过程中需要使用各种实验器材,要接触酸、碱、电、火以及对人体有害的气体等。在实验过程中,稍有不慎,就有可能发生烧伤、电伤之类的事故,甚至会造成重大财物损失和人员伤亡。因此,进行实验安全教育是非常有必要的。

1. 实验安全常识

(1)实验开始前应检查仪器是否完整无损,装置是否正确稳妥,在征求老师同意后才可进行实验,不可进行未经允许的实验,因为这些实验可能会导致危险的实验结果。

(2)一定不要单独在实验室做实验,因为一旦发生事故无法使别人知道而做出求救或适当协助。

(3)当你所做的实验安全受到质疑时,应该立即停止。

(4)在实验室内做实验时,不允许奔走、跳跃或大声喧哗,这样容易造成意外事故。

(5)实验进行时,不得离开岗位,要注意反应进行的情况和装置有无漏气、破裂等现象。

(6)不要用湿的手、物接触电源。水、电使用完毕,就立即关闭水龙头,切断电源。点燃的火柴用后立即熄灭,不得乱扔。

(7)正确使用生物解剖课上的器具,切忌使用它们开玩笑,以免划伤、刺伤自己或其他同学。

(8)当进行有可能发生危险的实验时,要根据实验情况采取必要的安全措施,如戴防护眼镜,面罩或橡皮手套等。

(9)使用易燃易爆药品时,应远离火源,实验试剂不得放回。严禁在实验室内吸烟或吃饮食物。

(10)实验结束后,不要把实验用的器具或药品带出实验室,应该交给老师,以免发生事故。

2. 化学实验安全特别注意事项

(1)点燃气体前一定要验纯。否则会发生爆炸,引发实验意外事故。

(2)如果皮肤沾到浓硫酸,应先用干布将酸抹去,再用清水冲洗,然后再用 $2\%\sim5\%$ 的碳酸氢钠溶液清洗,最后再用清水洗净。

(3)万一眼睛被溅到酸或碱溶液(不是浓的),应立即用清水冲洗,而不可用手揉擦眼睛。

(4)如果皮肤沾上碱溶液,可立即用较多水冲洗再涂上硼酸溶液(利用酸与碱中和原理)。

(5)如果不小心被碎玻璃割伤,应先用双氧水清洗伤口,轻轻抹去伤口上的碎玻璃片,再涂上红药水或碘酒。

(6)如果在实验室里不小心弄倒了燃烧的酒精灯,千万不能用水灭火,应用沙子或大块的湿布覆盖火焰。

(7)在熄灭酒精灯时,不能用口直接吹灭,应用酒精灯帽盖在火焰上,再拿出灯帽,然后再盖上,直至火自动熄灭为止。

(8)在点燃酒精灯时,不能用燃着的酒精灯点燃另一只酒精灯,否则会使酒精洒出燃烧,引发意外事故。

3. 实验事故处理办法

如果发生实验安全事故,须冷静处理,应掌握以下的处理方法。

(1)实验出现安全事故时,应该冷静处理,要听从老师的指导。

(2)如果发生触电,应该立即关闭电闸,切断电源,用绝缘体把触电者与电线分开;如果触电者心跳、呼吸停止,应该立即进行人工呼吸,并立即送医院治疗。

(3)如果发生重大事故,要及时通知家长。

七、职业技能训练安全

在职业技能训练过程中,由于各方面因素的影响,学生们经常遭受到身体的伤害甚至发生生命的危险。因此,找出技能训练中事故产生的原因,防止各类事故的发生,具有重大的意义。

1. 技能训练中事故产生的主要原因

(1)安全意识淡薄。某职业学校机修班某同学在钳工实习训练锉削工件时,大量的切屑由于静电作用,吸附在工件表面。当他用手抹除时,锋利的切屑将手划破多处,几秒钟后,整个手掌鲜血淋漓。工件在制作过程中,必然会有大量的切屑产生。崩碎性切屑易伤人的眼睛,戴防护眼镜可以避免。对于细碎的切屑,训练者常因思想麻痹,安全意识不强,从而导致意外事故的发生。可以说,安全意识淡薄是事故产生的根本原因。

(2)违反操作规程。某职业学校机修班某学生在备料的过程中,用三爪卡盘装夹工件切断时,由于未用长套筒加固夹紧,棒料在高速旋转的离心力的作用下,从轴孔甩出,伤及操作者的面部,造成肿胀,两星期未能到岗实习。此事故就是一个典型的违反操作规程的事例。生产实习安全技术规范中已明文规定"工件和车刀必须装夹牢固,以防飞出发生事故,卡盘必须装有保险装置。"而训练者图省事,未用长套筒加固夹紧,事故发生则在情理之中。这告诫中职生学生们,在生产实习中,必须按照指导老师规定的生产安全要求以及项目生产安全技术规范进行操作。

(3)缺乏生产经验。某职业学校安装班某学生用铁块模拟刀具,在砂轮侧面刃磨时,因砂轮高速旋转,铁块突然遭受很大的摩擦力被吸进。卡在砂轮与壳体之间,砂轮崩裂飞出,将砂轮房的墙壁砸了个坑。该同学的食指和中指被划伤,衣服亦被飞溅的砂轮碎片损坏。好在当时砂轮房人少,否则后果将不堪设想。这次事故的症结就在用铁块模拟刀具时的力度掌握不够,同时没有充分意识到高速旋转的砂轮会有很强的向心力。因此,中职生们必须认真学习、领会指导老师的教导,吸取他人的经验教训,防止失误的再发生。

(4)疲劳作业。某职业学校机修班某学生顶岗实习,操作冲压机床制作垫片,就在快下班时因操作失误,将食指冲掉了一节。经查明,事故产生的直接原因是操作失误,但根本原因是因为实习学生长时间、机械性地从事某项工作,身心疲惫,注意力分散。此事故告诫我们,在上岗学习之前,必须保持充沛的精力,禁止超负荷、疲劳作业。

(5)缺少自我保护意识。某职业学校机修班某学生在锉削工件时,边锉削边用嘴去吹切屑,违反了用专用铁刷清除切屑的规定,且又未带防护眼镜,致使切屑飞溅到眼睛里。该生因眼睛有异物,就用手去揉,锋利的切屑随之深深地扎进角膜。后虽经医院治疗,但该学生视力已大为降低。该事故发生的一个重要原因是该学生的自我保护意识不强。切屑溅入眼睛后已经受伤,该生又用手揉抚,致使眼睛遭到二次伤害。这次事故提醒我们,要加强自我保护意识和临危应变的能力,掌握各类偶发事件如触电、火灾等发生后的自救和互救以及逃生知识。

2. 如何防止技能训练中事故的发生

(1)重视安全教育,树立防患意识。学校在组织技能训练时,不仅要加强文明生产的教育,而且要将安全教育纳入实习教学的常规管理中,时时不忘,确保平安。更要加强对技能训练活动的组织安排,对岗位要求、生产规范要严格执行。

(2)强化专业理论的学习,提高训练的规范性。技能训练的过程是知识向能力迁移的过程。但学生经常会出现理论知识掌握的不完全性和技能训练操作的不规范性。不仅制约着学生技能的达成,而且增加了技能训练中的不安全因素。因此,在技能训练中,应注重专业理论的学习。只有这样,才能提高技能训练的规范性,减少不安全因素的产生。

(3)调适身心,适应岗位。在参加技术学习与训练之前,不能过度劳累,要以饱满的精神投入到训练中去。当然,这同时为技能训练的安排与指导人员提出了要求。在安排训练项目内容时,要考虑到技能训练的劳动强度和劳动时间,因为超负荷的训练会造成技能训练者身体的疲劳,不但影响了训练动作的协调性,也增大了事故发生的可能性。

(4)增强自我保护意识,提高对突发事故的应变能力。在技能训练中,要提高自己的自我保护意识,临危不乱,处变不惊。可以通过模拟事故发生或观看安全教育录像等活动,增强自己的心理适应能力,学习并掌握防范、自救、互救、逃生等方面的知识及应变能力,以减少或避免各类伤亡事故的发生。

技能训练中的安全防范是一个沉甸甸的话题,每个技能训练教学的组织者和参与者必须在思想上高度重视,在行动上谨慎对待,以确保技能训练安全、文明、规范地开展。

八、体育活动安全

体育活动是中职生丰富课余文化生活、娱乐身心的主要内容。但是,在体育活动中的损伤,是中职生碰到的又一实际问题,学生在运动中受了伤,不仅损害学生健康,挫伤体育活动的积极性,而且影响学生正常的生活、学习。

1. 参加体育运动和比赛的安全注意事项

中职生参加体育运动和比赛的目的是增强体质,以便有充沛的体力和精力投入到工作中去。在运动和比赛时,注意安全是极为重要的。那么需注意哪些安全事项呢?

(1)做好身体检查工作。凡参加体育运动和比赛者,赛前要检查身体,不合格者不得参加剧烈运动和比赛。身体机能状态不良,如过度疲劳、患病、病后初愈,会引起体力下降,动作的力量、灵活性和协调性也会下降,运动时极易发生运动创伤或加重疾患,因此有这种情况的人不宜参加剧烈的运动和比赛。

(2)做好充分的准备活动。运动或比赛前要充分做好准备活动,以便将大脑皮层的兴奋性调节到最适宜的状态,使身体机能加强,以承受即将开始的正式运动和比赛。

(3)加强保护和自我保护。在运动或比赛中,缺乏保护或保护不当均可发生运动创伤,这在体操运动中尤为重要。运动员要学会各种自我保护的动作,例如跳伞运动员落地、排球运动员救球时的翻滚动作,自行车、摩托车运动员翻车倒地时的翻滚动作均有其独特性,运动员必须熟练掌握。另外,要注意设置必要的保护装置,例如摩托车运动员比赛时必须带防护头盔及穿皮靴,以防意外事故的发生。

2. 如何预防体育运动受伤

(1)认真做好准备活动。对训练中负担较大和易受伤的部位要特别做好准备活动。准备活动结束与训练开始不要超过四分钟。间歇时间过长或改练其他部位时,应补做专项准备活动。

(2)做好放松和整理活动。训练后必须做一些伸展放松练习,以加速运动部位的恢复。例如,做完硬拉和深蹲后,可悬吊在单杠上,然后做提膝下放或直腿左右摆动等动作,以恢复原来的机能状态。

(3)大重量训练要适可而止,用大重量训练,如果没有把握,最好请人保护。不要经常借力训练。做动作时速度不要太快和突然启动。间隔时间较长再练时,要减轻重量、降低强度。

(4)加强医务监督和训练场地安全检查。常练健美者最好定期进行体格检查,参加比赛时要进行补充检查,以便及早发现隐患,采取措施。

(5)注意身体的警号,疲乏、焦虑、长期有时断时续的肌肉酸胀疼痛等是身体发出的警号,若置之不理,则小伤会酿成大伤。软组织损伤一般恢复较慢,若处理不当,轻则造成慢性损伤,重则留下不同程度的功能障碍。

(6)认真总结预防伤害的经验。要认清伤害事故发生的原因,找出其发生的规律,从而更好地进行预防。

3. 常见体育运动损伤的应急处理

中职生们热爱运动,积极参与各项体育活动,但常常因缺乏一定的运动训练卫生知识和出现运动损伤后的应急措施,而对伤者造成不必要的痛苦,严重者甚至导致终身遗憾。

(1)擦伤:即皮肤的表皮擦伤。如擦伤部位较浅,只需涂红药水即可;如擦伤创面较脏或有渗血时,应用生理盐水清洗创后再涂上红药水或紫药水。

(2)肌肉拉伤:指肌纤维撕裂而致的损伤。主要由于运动过度或热身不足造成,可根据疼痛程度知道受伤的轻重,一旦出现痛感应立即停止运动,并在痛点敷上冰块或冷毛巾,保持 30 分钟,以使小血管收缩,减少局部充血、水肿。切忌搓揉及热敷。

(3)挫伤:由于身体局部受到钝器打击而引起的组织损伤。轻度损伤不需特殊处理,经冷敷处理 24 小时后可用活血化瘀叮剂,局部可用伤湿止痛膏贴上,在伤后第一天予以冷敷,第二天热敷。约一周后可吸收消失。较重的挫伤可用云南白药加白酒调敷伤处并包扎,隔日换药一次,每日 2~3 次,加理疗。

(4)扭伤:由于关节部位突然过猛扭转,拧扭了附在关节外面的韧带及肌腱所致。多发生在踝关节、膝关节、腕关节及腰部。不同部位的扭伤,其治疗方法也不同:急性腰扭伤,可让患者仰卧在垫得较厚的木床上,腰下垫一个枕头,先冷敷,后热敷。关节扭伤,即踝关节、膝关节、腕关节扭伤时,将扭伤部位垫高,先冷敷两三天后再热敷。如扭伤部位肿胀、皮肤青紫和疼痛,可用陈醋半斤炖热后用毛巾蘸敷伤处,每天 2~3 次,每次 10 分钟。

(5)脱臼:即关节脱位。一旦发生脱臼,应嘱病人保持安静、不要活动,更不可揉搓脱臼部位。如脱臼部位在肩部,可把患者肘部弯成直角,再用三角巾把前臂和肘部托起,挂在颈上,再用一条宽带缠过脑部,在对侧脑作结。如脱臼部位在髋部,则应立即让病人躺在软卧上送往医院。

(6)骨折:常见骨折分为两种,一种是皮肤不破,没有伤口,断骨不与外界相通,称为闭合性骨折;另一种是骨头的尖端穿过皮肤,有伤口与外界相通,称为开放性骨折。对开放性骨折,不可用手回纳,以免引起骨髓炎,应用消毒纱布对伤口作初步包扎、止血后,再用平木板固定送医院处理。骨折后肢体不稳定,容易移动,会加重损伤和剧烈疼痛,可找木板、塑料板等将肢体骨折部位的上下两个关节固定起来。如一时找不到外固定的材料,骨折在上肢者,可屈曲肘关节固定于躯干上;骨折在下肢者,可伸直腿足,固定于对侧的肢体上。怀疑脊柱有骨折者,需卧在门板或担架上,躯干四周用衣服、被单等垫好,不致移动,不能抬伤者头部,这样会引起伤者脊髓损伤或发生截瘫。昏迷者应俯卧,头转向一侧,以免呕吐时将呕吐物吸入肺内。怀疑颈椎骨折时,需在头颈两侧置一枕头或扶持患者头颈部,使其在运输途中不发生晃动。

4. 学校体育活动事故类型与责任承担

学校体育活动事故按发生的原因可以分为两类：

一类是意外事故。这类事故发生的原因不是由于学校或老师的故意或过失，也不是由于不可抗力。在这类事故中，由于学校或老师对意外事故的发生并无过错，所以不需要承担法律责任。比如，学生患有某种病症或属特殊体质，家长和学生没有告诉学校或教师，学校和教师在不知情的情况下，实施体育活动，造成学生伤害的。学校及教师对安全教育作了大量的工作，不准私自游泳，仍有学生课外时间偷偷游泳而发生死亡，这类情况学校没有责任。

另一类是过错事故。这类事故通常是指由于学校或教师的违法、违规行为导致学生人身侵害的事件。与意外事故不同的是违法、违规行为是这类事故的必要条件。在这种情况下，学校和老师要承担法律责任。如：体操、单双杠教学中未实施保护措施；跳高、跳远时落地区域没有良好的保护措施；铅球、标枪投掷时，学生被安排站立的位置不适当等，而造成的学生人身伤害，学校和老师应承担法律责任。

九、学校集会安全

学校经常举行运动会、开学典礼之类的大型聚会，这类活动通常在礼堂、操场等可容纳众多人的地方举行，参加的人多，规模大，很容易发生由于火灾、房屋坍塌、互相拥挤踩踏等现象引发烧伤、跌伤或挤压甚至群死群伤的特大事故。因此，中职生在参加学校集会活动时，一定要有安全意识，掌握以下安全常识和救助方法：

（1）每个学生都应该有安全防范意识，在集会活动中，要服从指挥，不要拥挤，按顺序进出场。

（2）一旦发生骚动，要远离混乱中心，千万不要被好奇心驱使，去看热闹。

（3）突发火灾时，一定要保持冷静，不要乱跑，要服从指挥，有秩序地从现场迅速撤离。

（4）如果发现自己在混乱的人群中，应该设法靠近并抓住墙壁或其他固定物；若被拥挤得站立不住，应当蹲在墙壁或固定物旁，用双手在颈后抱紧，双腿向胸部弯曲，使身体成球状，保护身体最容易受伤的部位。

十、案例警示

案例一

家庭"炸弹"忧思录

镜头一：煤气泄漏爆炸

对于上海市黄浦区机械厂职工蒋某一家来说：2001年4月14日这天是不幸而又万幸的。不幸的是家已破，万幸的是人未亡。蒋某居住的砖木结构平房里的煤气管线，由于胶皮管与铁管连接处捆绑不牢，致使大量煤气泄漏。这天上午11时，泄漏的煤气从前门和后窗等处向室外扩散，当扩散的煤气遇到4米外的一食堂炉火时，瞬间发生回火爆炸，整间房屋的西、北、南三面砖墙被炸塌，同时燃起熊熊大火。结果房屋被炸毁，室内家具、电器等所有物品被火全部烧毁。幸运的是，当时蒋某及妻子女儿上班未归，才未造成人员伤亡。

镜外音:管道煤气的使用,给居民家庭生活带来了便利,倘若不能正确使用,麻痹大意,甚至违章使用,则无异于天天与炸弹为伍,后患无穷。因此,煤气用户要有足够的消防安全意识,经常检查输气管线和灶具,发现问题应及早处理,防患于未然,切不可掉以轻心,酿成祸患。

镜头二:电视机爆炸

2003年深冬的一个晚上,浙江省常山县辉埠镇某村一年逾古稀的老妪独自一人在家中看电视。突然,她发现这台电视机的后面冒出一股白烟。老人手忙脚乱,在没有切断电源的情况下,从水缸里舀出一瓢水泼向冒烟的电视机,电视机遇水发生强烈爆炸,将3米多高的房顶炸开1米见方的"天窗",老人也在爆炸中应声倒地,家人及邻居闻讯赶来后不久,老人就气绝身亡。

镜外音:电视机起火的原因很多,如线路老化、年久失修、通风不良、靠近火源及雷击等,但发生直接爆炸的案例较为少见。上述老人因缺乏用电及灭火常识,盲目行动,致使爆炸发生,误了自己性命。电视机起火正确的扑救方法是,首先切断电源,然后用棉被等物品覆盖电视机,用窒息法灭火。应该说,扑救方法不当,是电视机起火后又成为"炸弹"而伤人毁物的根源,人们应当引以为戒。

案例二

我盼着放假,不再被欺负

小兵在一所职业技术学校读书,在变声期的时候,嗓音忽然变得又尖又细,从此被同学叫做"娘娘腔"。班上许多同学对他很排斥,老是变着法戏弄他,不是突然抽掉板凳、抢他的书包抛来抛去,就是抢走他的乘车卡不还。最让他害怕的是班里的"老大"隔三差五拿他练拳头。"莫名其妙打我耳光,有时鼻子都被打破。"现在,他天天盼放假,因为不上学就不会再被欺负。

案例三

大家姐收取保护费

2009年9月,广州市某中学初二级部分班的七八名学生受到"大家姐"王某的"通牒":必须交出10元至50元不等的"保护费",否则就会"有麻烦"。据了解,王某和同学李某平时在学校里自称"大家姐",其中又以王某为主。王某从初一下学期开始就在班里称王称霸,经常欺负同学,甚至顶撞老师,不少男生都怕她。她向同学收取"保护费"已经不是第一次了,早在上学期就有7名该校学生被她强行"借"去共200多元,其中有5名是女生。

案例四

职业学校盗窃案件回放

2010年5月3日中午,某职高东一食堂,一拎包贼在作案时被抓,从其身上搜出手提电脑一台、眼镜一副;4月28日中午,某职高校医院,新闻0904班的刘同学在候诊时,一个内装多种证件及400元现金的钱包被小偷扒走;4月份,某职高部分寝室笔记本电脑相继被盗,其中以主校区某宿舍楼40分钟内丢失10台笔记本电脑为最……

某职业学校连续发生了3起计算机被窃案,损失近20万元。面对犯罪分子的疯狂作案,公安机关和学校保卫部门迅速组织力量侦察设伏守候,当罪犯再次行窃时终被当场抓获。经查,犯罪分子顾某系该校一名因学习成绩不合格被退学的学生。顾某当年以较好的成绩考入该校电工班,进校后放松了对自己的要求,不认真读书,一年下来几门主课均不及格,遂被退学。退学后,因家庭经济条件差他并没有回家,想留城经商又缺乏资金,便伙同当临时工的老乡施某和李某到各职业学校行窃。几次得手后贼胆越来越大,竟然到母校行窃,终于受到法律的制裁。

　　某职业学校学生朱某,家住苏南一小镇。2008年考入某校计算机专业。朱某入校后喜欢打扮、好赶时髦,父母每月给的800元生活费常常不够用。一次,他的300元钱突然"不翼而飞"了。这时,他不是去报案,而是想伺机进行报复。于是,找到另一职业学校的学生刘某,一起商量如何"寻找财路"。刘某因经济拮据也正想"寻找财路",两人一拍即合,遂相互为对方提供宿舍钥匙以及有关上课等作息活动情况。朱某乘刘某所在班级上课时,窜至刘某房间行窃,仅几分钟便窃得随身听、照相机等物品一书包,临走时还捎带偷走一辆自行车,销赃后与刘某分获赃款1000余元。仅仅过了几日,刘某也以同样的手法窜至朱某的寝室窃得一包物品,并由朱某送出学校大门。当他们再次销赃时被学校保卫部门查获,朱某、刘某均受到了法律的制裁。

思考题

1. 当发现家中有贼时,应该怎么办?
2. 如何安全地使用家用电器?
3. 如何避免校园暴力的侵害?
4. 校园盗窃案件有哪些特点?
5. 如何安全地做实验?

第四章　户外运动安全

达标要求:了解登山、游泳、滑冰(雪)、攀岩、漂流、野营、蹦极等各项运动的基本知识,熟悉各项运动装备的使用方法,知晓各项运动的准备要领,掌握各项运动安全注意事项及事故防范方法。

一、户外运动安全

在这个呼唤健康的时代,户外运动已经融入我们的生活,越来越多的人加入其中,一个时尚的运动方式在慢慢成型。

户外运动主要包括徒步旅游、登山、徒手攀登、野外露营、蹦极、速降、漂流、溯溪等。这种回归大自然、远离城市喧嚣的生活方式是人们物质生活水平提高后不可阻挡的,在寻找快乐的同时征服自我,是一种时尚性的运动。

当然,大自然在带给我们快乐和健康的同时,也充满了各种各样危险和不确定因素。因此,必须注意出行安全。安全是登山等户外运动的前提。这个运动绝不是冒险和探险,没有安全保障的项目是绝对不能做的,没有安全把握的路径绝对不能涉足。

二、登山安全

(1)平时应多进行体能及技能训练,并阅读专业书籍、杂志,随时吸收野外新知。出发前应先做健康检查,尤其是平日很少运动的同学,更需认真检查。

(2)登山时应有完整的装备及充足的粮食。上山时要带足开水、饮料和必备的药品,以应急需。上山要轻装,少带行李,以免过多消耗体力,影响登山。如果要在山上过夜的话,由于山上夜晚和清晨气温较低,上山要带厚一点的衣服。

(3)山区气候变化很大,时晴时雨,反复无常。登山时要带雨衣,下雨风大,不宜打伞。

(4)登山以穿登山鞋、布鞋、球鞋为宜,穿皮鞋和塑料底鞋容易滑跌,为安全考虑,登山时可买一竹棍或手杖。

(5)活动前或进入山区后,应随时注意气象资料及变化。从上山到下山,均需随时向留守人员、途中警察机关或家人报告行踪。对于每一座山峰,都不可掉以轻心。

(6)游山时应结伴同行,相互照顾,不要只身攀高登险。

(7)雷雨时不要攀登高峰,不要手扶铁制栏杆,亦不宜在树下避雨,以防雷击。

(8)登山期间,可多休息,但休息的时间不宜过长,以免着凉。喝水时不可狂饮,否则汗量会增加，更容易造成身体疲劳，此外，行进中应随时调整步伐及呼吸，不可忽快忽慢。

（9）登山时身略前俯，可走"之"字形。这样既省力，又轻松。

（10）切勿让身体及衣物受潮，以免体温散失。在面临危机、疲劳等压力时，维持体温是首要之务。

（11）切忌在无路的溪谷中溯溪攀登，亦不可在深山无明显路径时沿溪下降。因为高山溪流的地形由缓渐陡，对于登山技能不足，地势情况不清楚的登山者，容易失足跌落，因此，登山时最好能沿途标示记号，或依循前人所留下的旗帜辨别方向。

（12）山中不知深浅的水潭千万不要下去游泳，即使夏日，泉水也会很凉，发生险情的可能性较大。迷路时应折回原路，或寻找避难处静待救援，以减少体力的消耗。

（13）在高峻危险的山峰上照像时，摄影者选好角度后就不要移动，特别注意不要后退，以防不测。

（14）在山林中活动时，切勿乱丢烟蒂，离去时亦应将营火彻底熄灭。

三、游泳安全

游泳是中职生们喜爱的运动，如果没有足够的安全防范意识，常常会发生溺水事件。为此，同学们要注意以下几点：

（1）游泳安全要点

学游泳一定要在水浅的游泳池里，并且要有识水性的人陪同。学会游泳之后，没有人带领也不能在江、河、湖、海或池塘里游泳。即使在这些地方游泳，下水之前也要先观察地形情况，遇到水中有暗流或旋涡、乱石、水草或淤泥等，要赶紧离开，以免陷在淤泥里、卡在暗礁中或被水草缠住不能脱身。在不明水下情况的地方绝对不能跳水。

游泳时要注意安全，在近水的地方玩耍也得小心。在沙滩或沙岩上停留时，要观察周围的情况，有些沙滩一眼看上去是实的，但是其实下面有裂缝或底层是空的，如果人在上面动作太大，就会出现沙崩，将人埋在下面。在海滨玩耍时，要注意涨潮落潮的规律，涨潮时要迅速离开海边，免得被潮水卷走。

下水时切勿太饿、太饱。饭后一小时才能下水，以免抽筋；下水前应试试水温，若水太冷，就不要下水；下水前观察游泳处的环境，若有危险警告，则不能在此游泳；外出旅行时不要在地理环境不清楚的峡谷游泳。这些地方的水深浅不一，而且凉，水中可能有伤人的障碍物，很不安全；游泳时不得跳水。

入水前一定要做伸臂、弯腰、压腿、转身等简单的热身动作,使全身的关节、肌肉、内脏器官以及神经系统都进入活跃状态。入水前要先用池水淋头部、胸腹、四肢等部位,尤其是头部,不要猛然扎入水中,否则很可能会头痛。

一次游泳时间不能过长,要量力而行,注意休息。过度疲劳容易造成脑缺血,引发头昏脑涨等问题。

(2)如何预防游泳时下肢抽筋

游泳前一定要做好暖身运动。游泳前应考虑身体状况,如果太饱、太饿或过度疲劳时,不要游泳。游泳前先在四肢撩些水,然后再跳入水中,不要立刻跳入水中。游泳时如胸痛,可用力压胸口,等到稍好时再上岸。腹部疼痛时,应上岸,最好喝一些热的饮料或热汤,以保持身体温暖。

(3)怎样预防溺水

一般来讲,不识水性时千万不要在不知深浅的水域单独学习游泳。下水前要做好准备运动,以免由于冷水刺激产生痉挛。疲劳、饥饿时不应下水,患有冠心病者或其他严重疾病者,不宜单独行动,以防在游泳中发病而溺水死亡。游泳前不宜过度换气,以免呼出大量二氧化碳气体,使体内二氧化碳含量降低以致不能刺激呼吸中枢,而在水中不知不觉地陷入昏迷状态。

(4)溺水自救方法

对水情不熟而贸然下水,极易造成生命危险。万一不幸遇上了溺水事件,溺水者切莫慌张,应保持镇静,按照以下方法积极自救。

对于手脚抽筋者,若是手指抽筋,则可将手握拳,然后用力张开,迅速反复多做几次,直到抽筋消除为止;若是小腿或脚趾抽筋,先吸一口气仰浮水上,用抽筋肢体对侧的手握住抽筋肢体的脚趾,并用力向身体方向拉,同时用同侧的手掌压在抽筋肢体的膝盖上,帮助抽筋的腿伸直;要是大腿抽筋的话,可同样采用拉长抽筋肌肉的办法解决。

(5)怎样抢救溺水者

救人者下水前尽量脱去外衣,下水后应从落水者背后接近救护,或扔下救生圈、木板等漂浮物相助。如救出后溺水者已失去知觉,应以最快的速度进行抢救。抢救时,第一,使其头偏向一侧,并立即撬开口,清除口鼻内泥沙、污物,将舌头拉出口外,保持呼吸道通畅。第二,救护者取半跪姿势将溺水者俯卧,将其腹部横放在膝盖上,轻压其背部;或取站立位;用双手抱溺水者腹部,使其胃和气管内的水排出;或将其腹部放在急救者肩上扛着快步奔跑,使其积水倒出(切忌因倒水过久,而忽视人工呼吸和胸外心脏按压)。如其呼吸停止,应及时进行胸外心脏按压与人工呼吸,同时按压或用针刺激其人中、十宣等穴位。如果抢救无效应及时请医务人员进行具体的抢救。自动呼吸恢复后,可活动、按摩四肢(向心性按摩),促进其血液循环,也可喂些热茶、姜糖水、热酒。

四、滑冰(雪)安全

1. 滑冰注意事项

(1)滑冰时的着装:滑冰时的着装应具有弹性以便于运动,初学滑冰的人最好穿长袖衣裤以免摔倒时擦伤皮肤。由于怕冷或怕摔痛,初学者往往穿得过多过厚,这样往往妨碍了运动。其实,滑冰也是一项比较消耗体力的运动,所以你根本不用担心站在冰面上会冷。此外,滑冰的时候身上不要带硬器,如钥匙、小刀、手机等,以免摔倒时硌伤自己。

(2)上冰前先要佩戴护肘、护膝、手套,头盔等防护用具,夏季应穿着长裤。

(3)滑冰者上冰前应检查冰鞋是否穿着正确并系好鞋带。初学滑冰的人穿冰鞋时,前两三个扣眼的鞋带可系得稍微松一点儿,后面的鞋带要系紧,脚踝在鞋里不晃动,才好向两侧倾斜使劲蹬冰。

(4)滑冰者上冰前应做热身运动,使身体充分伸展。

(5)滑冰者滑冰时身上应避免带尖锐物品,以免摔倒后划伤。

(6)应具备正确的站立姿势。两脚略分开约与肩同宽,两脚尖稍向外转形成小"八"字,两腿稍弯曲,上体稍向前倾,目视前方。身体重心要通过两脚平稳地压到刀刃上,踝关节不应向内或向外倒。

(7)上冰后尽量保持身体平衡,始终沿逆时针方向滑行,不要高速滑行,不要追逐打闹,未经同意,不要穿专业跑刀上冰。如果具备条件,可以请教练进行指导。每次练习时,应每隔 10 至 15 分钟休息 2 至 3 分钟;当身体疲劳时应脱掉冰鞋,放松小腿和脚部肌肉;初次上冰后出现两腿肌肉紧张和酸痛现象,属于正常,几次练习后,这种感觉会自然消失。

专家特别强调,"滑行时要俯身、弯腿,重心向前,就是滑倒了,也要往前摔,这样就摔不着尾骨。线手套必须有一副,免得摔倒后让后面人的冰刀划伤手。"

(8)如果在江河湖面上滑冰,一定要注意冰的厚度及承载能力,以防踏破冰面,掉入水中。速滑时,还要注意观察前面有无冰窟窿,以防落入水中。

(9)滑冰时,万一落入水中,应当把身体尽量平衡起来,先将脚搭到冰面上,一手按住冰面,另一只手猛推冰缘,身体借势向上翻滚,一般不会压塌冰缘而顺利脱险。

2. 滑雪注意事项

(1)掌握滑雪场的场地情况和气候情况。一般说来,正规的滑雪场内的雪道上都有道标,不同颜色和形状的道标代表不同级别。绿色圆圈是初学者雪道,坡度一般不超过 40 度。蓝色方块是中级雪道,一般不超过 65 度,再上就是高级的黑色钻石雪道。每一色中当然也有容易、中等、困难之分,而且相差相当大,比如 5 度和 40 度都可以是绿道。一般来说,越好的雪场,难度越高。世界一流的雪场的绿色雪道有的会比通常雪场的蓝色雪道更陡。黑钻中还有双黑钻这一级别,是顶级难度的雪道。冬季不要贸然去深山峡谷或荒无人烟的地方滑雪。

(2)做好滑雪前的准备。事先要认真检查滑雪板和滑雪杖,包括有无折裂的地方、固定器联接是否牢固、附件是否齐备等。滑雪板应牢固地系在脚下,但又能顺利地解下。要穿鲜艳服装,以便能及时被发现。

（3）初练滑雪应注意循序渐进,量力而行。在滑雪之初,初学者主要应掌握四种滑降技术(直滑降、斜滑降、犁式滑降和半犁式滑降)和两种转弯技术(半犁式转弯和半犁式摆动转弯),并了解相应的技术要领。由于高山滑雪是加速运动,太快的速度使滑雪者不易控制滑雪板,而转弯过程本身就是减速运动,因此通过转弯可使滑雪者将滑雪板控制在均速状态。只要将这些基础技术动作学好,并熟练掌握,初学者就能在不同的地形条件下真正体验滑雪带来的无穷乐趣。当滑雪者的技术水平达到能安全地停住,并能避开滑雪道上的障碍物和其他滑雪者时,才能去较高的雪场滑雪。

（4）若停留休息时,要停在滑雪道边上,并要充分注意并避开从上面滑下来的人,重新进入雪道时也如此。

（5）滑雪有句俗话,不怕摔,就怕撞。就是说宁可摔倒,也不要发生碰撞,碰撞是很危险的,不管是撞在别人身上,还是撞到树上、拦网上,轻则挫伤,重则骨折。

（6）不要单独在树林、陡坡和深谷滑雪。一般说来三人以上在一起滑雪最安全。

（7）学会安全摔倒:摔倒后不要随意挣扎,尽量迅速降低重心向后坐。一般情况下,可以举手和双臂,屈身,任其向下滑动,要避免头部朝下,更要避免翻滚。

（8）平时应学习一些基本的医学知识和急救常识,如受伤时的处理,骨折后应采取的措施等。

（9）学会科学救人:发现他人受伤,千万不要手忙脚乱地去随意处置和搬动,应尽快向雪场救护人员报告。

五、攀岩安全

（1）严格装备。由于攀岩运动本身所特有的危险性,从运动诞生之日起,人们就开始不断地研制生产各种为攀登者提供安全保证和便于此项运动开展的装备和器械。攀岩基本装备包括:安全带、主绳、铁索、防滑粉袋、绳套、攀岩鞋、下降器和上升器等。因所有这些装备涉及攀登者的生命安全,在购买和选用时必须注意其质量。

（2）确保安全,不做没把握的攀登。在没有教练指导的场合下,不使用不熟悉的器材,在没有绳子的保护下,不做任何危险的攀登。攀爬前要做好热身运动,以防拉伤肌肉。

（3）攀爬时的安全要点。攀岩的原则是:攀爬时,两手、两脚不要交叉;确保顺序,不急进;手攀,持平衡;脚踩,撑体重;三点不动,一点动,保持基本平衡。

①系完保险扣要请教练检查,最好请教练给你系"双八结"或"水手结",这样会较安全;

②攀爬时,身体应尽量贴近岩壁,以节省力气。脚要横蹲岩点上的小窝,可有效防滑脱;

③手指并拢,才能牢牢抓住岩点;

④手脚轮流用力可节省体力,必要时向上"悠"一下更会事半功倍;

⑤主动调节呼吸。初学者往往忽略这一点。攀爬一条路线是一个连续的过程,从一开始就应该主动去调

节呼吸,而不应等快坚持不住了再去调整;

⑥下降时面向岩壁,四肢伸开就不会在岩壁上碰疼。

(4)遵守基本的攀岩道德,考虑他人安全。抛下绳索前,必须大喊"抛绳"后才抛下。在任何东西掉落时,必须立刻大喊落石通知,尽量避免造成落石伤人。绝对禁止踩踏绳子,这是对自己和别人生命的尊重。此外,不要抛掷任何攀岩器材;攀完后应向确保者道谢;离开岩场时,要带走你的所有东西。

(5)攀岩相关体能训练:

①引体向上可增臂力和手指力量;

②跳绳可锻炼身体的柔韧和协调性;

③乒乓球、棋类等对培养判断力大有益处;

④游泳会锻炼心肺功能、全身力量和耐力。

六、漂流安全

(1)漂流地的选择。为了安全起见,不要到环境复杂多变、险象环生的溪流漂流。对漂流地要有安全方面的考察,如果艄公缺乏安全意识与技能,缺乏水上驾驭与救助的娴熟技术,易发生事故。不要去缺乏水上安全设施的漂流地。

(2)要准备好雨衣,并多带套衣服。漂流不可避免会"湿身",上岸后没有干衣服换是很难受的。参加漂流不要穿皮鞋,平底拖鞋、塑料凉鞋和旅游鞋都可以。坏天气水上冷,好天气水上晒,要注意防寒防晒,太名贵的服装鞋帽最好不要用于漂流。

(3)必须全程穿着救生衣,在掉到水里时救生衣会把漂流者浮起来,即使会游泳也必须全程穿着,防止在不注意时艇翻掉惊慌,确保安全。

(4)在漂流的过程中请注意沿途的箭头及标语,它们可以帮助漂流者找主水道及提早警觉跌水区。在下急流时,艇具与艇身保持平衡,并抓住艇身内侧的扶手带,后面一位身子略向后倾,双人保证艇身平衡并与河道平行,顺流而下。

(5)当艇受卡时不能着急站起,应稳住艇身,找好落脚点再站起,以保证人不被艇带下而冲下。当漂流者误入其他水道被卡或搁浅时,请站起下艇,找到较深处时再上艇,不能在艇上左右磨动,因为漂流是一种对漂流者体能与胆量的挑战,在漂流者安全的前提下,一般情况下护漂人员不干涉漂流者的处理。

(6)如发生翻船落水,漂流者不必惊慌,救生衣绝对保证了你的安全,积极配合船工的救护措施进行救护,重新上船继续漂流。

（7）漂流者在漂流途中未经许可不得离艇下水。

（8）漂流者在整个漂流活动中，要团结、友爱、互助，在紧张、刺激、快乐、安全中漂流全程。

七、野营安全

（1）选择平坦的地面。在晒日光浴时，你可能喜欢躺在像地毯一样修整光洁的草坪上，但是在露营时，选择天然的草地上露营并不是合理的选择，因为草地不够平整，非常潮湿，而且在炎热的天气容易滋生多种蚊虫。落叶森林的层层落叶上或者针叶林铺满地面的松针之上、某些富含矿物质的土壤上、水流边的沙滩或者碎石堆上，都是搭建营地的好地方，因为这些地方都很平整。当人躺在防潮垫上时，会发现睡在坚硬而平整的地面上会比柔软但坑洼不平的地面舒服得多。

（2）地势的高低。如果你有不同的海拔高度可以选择，那么理想的地点应该是可以防风防雨，山洪淹不到的高处，那里也不会受到落石和雪崩的威胁。

另外，海拔高低和温度有直接关系。如果感到寒冷难耐，应该尽量往低海拔地区移动，如果在闷热的天气中，则可以向高海拔移动。

（3）多花一点时间。有时找一块平整合适的露营地并非容易的事，不是岩石和小土丘多，就是植被生长得过于浓密，但是，多花一些时间找一个更舒服的露营地是十分值得的。在确定安扎帐篷地点时，可以把你的垫子拿出来试着在地面上铺一下，然后躺到上面检查是否过于倾斜或者有明显的突出物，那些都是让人整夜不得安眠的东西。

（4）躲避来自上方的危险。如果你的营地建在了可能发生落石、塌方、雪崩、泥石流的地方，是要冒很大风险的。如果迫不得已一定要在这些地方露营。起码应该避开山脚下的低洼地带和这些可怕的东西直接经过的地方。另外，在树林中寻找搭建帐篷的地点时，应该注意避开那些已经开始往下掉树枝的死树。这有可能扎破你的新帐篷或者砸伤人。还应该看一看附近有没有因为靠在别的树木上才没有倒下来的死树枯枝。闪电雷劈经常会导致这种情况发生，一场大雨或者一点风都可能让它倒掉。另外，注意观察周围是否有大的蜂巢也很必要。

（5）排水性的优劣。选择营地时，排水的性能十分重要，尤其是在可能有倾盆大雨来临时更是如此,不但应该避免低洼地带,而且完全平整的地面也应该避免,尤其是那种没有缝隙的被压得很结实的土地,这种地面将导致雨水无处可流而且不容易渗入地面。在干燥的地区旅行时,在旱季即将结束的时候,不要选择在干涸的鹅卵石河道上扎营。一场暴雨就可能让这些地方恢复成一条宽阔的河流。在山区旅行,更应该找到洪水可能到达的最高水位线,因为暴雨会使得小溪变成激流,每小时水位可以上涨好几米,甚至完全超出河道的范围,所以在河道上虽然平坦舒适,但某些季节是不适合在这里露营的。

(6)躲避蚊虫。在炎热而潮湿的天气里,成群蚊子对于露营者来说可能是最可怕的东西。这种情况在没有一丝风的夜晚会更加严重,所以在选择露营地时,应该注意不要选择死水塘边、茂密的草地中和任何可能有积水的地方,这正是蚊子滋生的地方。另外,蚊子不会在通风的地方聚集,所以在闷热的夜晚选择风口的地方是个好主意,比如两座小山之间的地方,或者通风的隧道。刮风的夜晚,应该把帐篷搭建在一个背风处。但在很多时候,建营地时天气是非常平静的,所以应该对天气的变化作出预先的估计。有风的坏天气里,应该尽可能地把帐篷搭在矮灌木丛中或者大石头堆中。在暴风雨来临时,首先要考虑的不是舒适与否的问题,而是选择的地点能否保证帐篷的安全,在大风中平坦的地势并不是好的选择。

(7)当选择好营地,准备宿营时,应首先搭建公用帐篷。在营地的下风处首先搭好炊事帐篷,建好炉灶,烧上一锅水,然后再依次向上风处搭建用于存放公用装备的仓库帐篷和各自的宿营帐篷。当整个营地的帐篷搭建好时,烧的水已开锅,可以马上饮用并开始做饭。另外,千万别忘了,在下风处,远离水源的地方再搭上一个简易厕所,以免用时着急难堪。

(8)避免帐篷内炊事。帐篷对火的抵抗力相当脆弱,尤其是内部充满易燃品,如夹克、睡袋等,最好是在内外帐间炊事,或使用一块 6×6 寸的三夹板垫底,所有的门窗需完全打开通风,避免湿气汇聚于内帐内壁,帐篷内炊事期间严禁有人睡觉或打困,禁用煤油炉,它会有刺鼻的味道,同时关火后需将炉具移出帐篷外,避免内帐充满令人窒息的刺激味道。

(9)帐篷折叠收拾前,先晒干后再擦拭干净,雪期时,可利用雪块擦拭干净,不要弄脏睡袋,或将帐篷倒置,晒干、擦拭干净再收。

八、蹦极安全

蹦极对身体素质要求较高,凡是有心、脑病史的人都不能参加。凡是深度近视者要慎重,因为硬式蹦极跳下时头朝下,人身体以 9.8 米/秒的加速度下坠,很容易脑部充血而造成视网膜脱落。有关节痛、曾经得过腰脊椎间盘突出、曾经骨折过的人也不要蹦极。身体强壮的人,在蹦极之前也要遵守一些规则:

(1)年龄限制,15 周岁以下和 45 周岁以上的人最好不要蹦极。

(2)心理素质差的人最好不要强迫考验自己的意志。比如,平时胆子就小,甚至听到一些大的响动就会惊恐不安的人、神经衰弱的人,即便是体质不错,也最好不要蹦极。

(3)跳下前应充分活动身体各部位,以防扭伤或拉伤。

(4)着装要尽量简练、合身,不要穿易飞散或兜风的衣物。

(5)跳出后要注意控制身体,防止脖子或手脚被弹索卷到。

九、案例警示

案例一

美丽山区并不总是那么温柔

千龙网2002年8月14日消息：美丽山区并不总是那么温柔。瑞士有关部门29日发出警告说，瑞士每年山区远足发生的事故5500多起，对山地运动的潜在危险不宜低估。

据瑞士全国事故预防办公室的统计，瑞士境内今年以来已经有50人在各种山区运动项目中丧生，其中有登山、攀岩爱好者，也有不少山区远足不慎失足滑落山谷的。

专家们建议，进行山区活动应该做好充分准备，地图和指南针不可缺少，还要购置充分可靠的装备，出发前计划好时间和路线，仔细了解天气情况。气候条件恶劣或身体不适时不宜勉强冒险进山。

案例二

美国密歇根湖游泳事故

大洋网讯 美国官员2003年7月5日称，共有7人一天前在密歇根湖游泳时被巨浪卷走，其中4人死亡，3人失踪。目前当地警方正在搜寻失踪的3人，但估计生还希望不大。

据报道，密歇根湖边沙滩上根本没有救生员，当局仅仅在岸边插旗表示危险程度。事故发生当天，岸边插着红旗，警告人们不要游泳。

一名搜救人员称："我们压根儿没有指望能够救回失踪的人，而只是希望能够找到他们的尸体。"

案例三

蹦极要量力而行

蹦极迷戴夫·罗林森在"无险空中运动俱乐部"一天中连续第五次蹦极，下落中拉紧的绳子像鞭子一样抽打在他的右臂上，加上他身体疲劳、浑身紧张，当即右臂两处骨折。这位老兄还在空中眼睁睁看着自己不听使唤的胳膊在向上回弹时打了自己一记耳光。此次空中经历给罗林森的胳膊里留下了一块 6 寸长的铁板和 12 颗螺丝钉,并且由于桡骨神经瘫痪,他的右手 6 个月以后才恢复功能。不过,他"痴心"不改,刚刚得到医生许可就又开始了蹦极。

和戴夫·罗林森相比,以色列女记者拉维特·那奥尔对自己的决定恐怕会懊悔不已。1997 年 1 月 18 日,这位《马里夫报》记者应邀采访一家新开业的蹦极中心,在两次试跳后,她决定再跳一次并抢拍些好照片,没想到回弹的绳子竟然打到了她的脸上,结果那奥尔右眼球破裂、鼻梁折断、三颗门牙被击落、嘴唇撕裂,右脸颊还留下了一道深深的疤痕。更让她气恼的是,这家蹦极中心竟然没有合法的营业执照和许可证,结果倒霉的女记者只好把怨气都发泄在了此后的专访文章上。

案例四
野外宿营突降暴雨 三次营救终于逃生

2009 年 8 月,3 名女中职生结伴到北京怀柔北部山区某景区游玩,她们是中午时分来到景区的,那时下着雨,后来到下午雨就停了,她们三个就在景区情人谷的一个叫石人坊的地方野营。事后,其中一人勾某告诉记者,她们以前来过这个地方,觉得在这里野营很好玩,"只要稍微有点野营经验,就能应付过去。"尽管景区工作人员当时奉劝几个中职生不要在山上野营,最好还是回到景区管理处的招待所住宿,可她们并没有听进去,自己背着大包小包就走了。但是,她们三人都没有想到,刚下完大雨的山区到晚上还会有更大的暴雨来临。半夜暴雨降临,造成山中多处出现塌方,好几条道路都被冲垮。怀柔区政府立刻连夜组织 60 多人的营救队伍,先后 3 次在峡谷中展开密集的搜索救援工作,最后于 3 日凌晨 4 时左右成功找到被水围困的 3 名学生。

思考题

1. 登山要注意哪些安全事项?
2. 如何救助溺水者?
3. 如何安全地进行漂流?
4. 野营要注意哪些安全事项?

第五章 食品安全

达标要求：了解食品安全概念和食品污染的途径及预防措施，养成科学饮食的习惯，熟悉预防辐射、传染病的有关知识和用药安全常识，掌握食物中毒的预防和处理知识。

一、食品安全常识

1. 食品的定义

根据我国卫生法的规定，食品是指各种供人食用或饮用的成品和原料。食品一般包括天然食品和加工食品。天然食品是指在大自然中生长的、未经加工制作、可供人类食用的物品，如水果、蔬菜、谷物等。加工食品是指经过一定的工艺进行加工后生产出来的，以供人们食用或饮用为目的的制成品，如大米、小麦、果汁饮料等。

2. 如何看食品标签

（1）标签的内容是否齐全。所有食品生产者都必须按照《食品标签通用标准》正确地标注各项内容。

（2）标签是否完整。食品标签不得与包装容器分开。食品标签的一切内容不得在流通环节中变得模糊或脱落，必须保证消费者购买和食用时醒目、易于辨认和识读。

（3）标签是否规范。食品标签所用文字必须是规范的汉字，可以同时使用汉语拼音，但必须拼写正确，不得大于相应的汉字，可以同时使用少数民族文字或外文，但必须与汉字有严密的对应关系，外文不得大于相应的汉字。食品名称必须在标签的醒目位置，且与净含量排在同一视野内。

（4）标签的内容是否真实。食品标签的所有内容，不得以错误的、容易引起误解或欺骗性的方式描述或介绍食品。"错误的内容"：是指食品标签的设计者由于疏忽或知识的原因在标签上出现的差错。例如：将配料表误标成成分表。"引起误解的内容"：是指食品标签的内容容易使消费者对食品的真实情况产生错误的联想，从而影响消费者的决定。例如：某厂生产的饼干根据其形状及颜色称为"多维杏子干"。消费者会误认为是杏干。因此，消费者应对标签的内容进行识别。

3. 什么是食品添加剂

食品添加剂是指为改善食品品质和色、香、味，以及为防腐和加工工艺的需要而加入食品中的化学合成或天然物质。食品添加剂一般可以不是食物，也不一定有营养价值，但必须符合上述的定义，即不影响食品的营养价值，且具有防止食品腐败变质、增强食品感官性状或提高食品质量的作用。

一般来说，食品添加剂按其来源可分为天然的和化学合成的两大类。天然食品添加剂是指利用动植物或微生物的代谢产物等为原料，经提取所获得的天然物质；化学合成的食品添加剂是指采用化学手段，使元素或化合物通过氧化、还原、缩合、聚合、成盐等合成反应而得到的物质。目前使用的大多属于化学合成食品添加剂。

按用途，各国对食品添加剂的分类大同小异，差异主要是分类多少的不同。美国将食品添加剂分成16大类，日本分成30大类，我国的《食品添加剂使用卫生标准》将其分为22类：防腐剂、抗氧化剂、发色剂、漂白剂、酸味剂、凝固剂、疏松剂、增稠剂、消泡剂、甜味剂、着色剂、乳化剂、品质改良剂、抗结剂、增味剂、酶制剂、被膜剂、发泡剂、保鲜剂、香料、营养强化剂以及其他添加剂。

4. 正确看待食品防腐剂

(1)食品防腐的必要性

生鲜食品放久,细胞组织离析,为微生物滋长创造了条件。

食物被空气、光和热氧化,产生异味和过氧化物,有致癌作用。

肉类被微生物污染,使蛋白质分解,产生有害物腐胺、组胺、色胺等,是食物中毒的重要原因。

食物未进行保鲜处理保存在冰箱中,仍会腐败变质,只是速度放慢而已。

为防止微生物的侵袭,食品必须进行防腐处理,和采用除菌、灭菌、防菌、抑菌不同的手段。

(2)化学防腐剂的使用安全性

全世界普遍采用的各种防腐剂中,仍以化学合成的苯甲酸钠、山梨酸钾、丙酸盐为主。我国规定的限量标准比国际标准还要严格得多。比如:苯甲酸钠在国际上 ADI 值为 0~5,相当于 60 千克成人的终身摄入无害剂量,每天为 300 毫克,而我国规定在饮料中为 0.2 克/千克,即一个成年人每天喝一升饮料,苯甲酸钠为 200 毫克,比国际规定的 ADI 值还低。

(3)防腐剂认识的误区

至今在社会上存在着一种对食物防腐保鲜的错误看法。认为纯天然食物就不应添加任何防腐抗氧剂,其实市场上所有加工的食品,为了防止腐败变质,均经过了防腐处理,只是方法不同罢了。例如罐头食品是经过高温杀菌、抽空密封保存的食品,当然不需要加任何防腐剂;又如用糖腌制的蜜饯和盐腌制盐干菜,由于高浓度的糖和盐,使微生物细胞脱水,而不可能在这类食物上繁殖;牛奶经乳酸菌发酵生成的酸奶,含有防腐作用的乳酸和乳酸菌素,所以不需添加防腐剂,以上食品均不需再添加任何防腐剂,也不必在包装上去注明"本产品不含防腐剂"。

5. 食品保质期与保存期的区别

保质期(最佳食用期)是指在标签上规定的条件下,保持食品质量(品质)的期限。在此期限,食品完全适于销售,并符合标签上或产品标准中所规定的质量(品质);超过此期限,在一定时间内食品仍然是可以食用的。

保存期(推荐的最终食用期)是指在标签上规定的条件下,食品可以食用的最终日期,超过此期限,产品质量(品质)可能发生变化,食品不再适于销售和食用。

千万不要购买超过保存期的预包装食品。过了保质期的食品未必不能吃,但过了保存期的食品就一定不能吃了! 消费者在购买食品时,要特别注意食品标签上的保质期或保存期。

6. 无公害农产品、绿色食品与有机食品的区别

随着对餐桌安全的重视,人们在购买食品时也逐渐挑选经过有关部门认定的商品。目

前市场上的"有机食品"、"绿色食品"、"无公害农产品"等是由不同部门针对食品安全设置的不同认定标准。有机食品、绿色食品、无公害农产品都是安全食品,安全是这三类食品突出的共性。它们在种植、收获、加工生产、贮藏及运输过程中都采用了无污染的工艺技术,实行了从土地到餐桌的全程质量控制。

无公害农产品是指有毒物质残留量控制在安全质量允许范围内,经有关部门认定,安全质量指标符合《无公害农产品(食品)标准》的农、牧、渔产品(食用类,不包括深加工的食品)。广义的无公害农产品包括有机农产品、自然食品、生态食品、绿色食品、无污染食品等。这类产品生产过程中允许限量、限品种、限时间地使用人工合成的安全的化学农药、兽药、肥料、饲料添加剂等,它符合国家食品卫生标准,但比绿色食品标准要宽。无公害农产品是保证人们对食品质量安全最基本的需要,是最基本的市场准入条件,普通食品都应达到这一要求。无公害农产品认证分为产地认定和产品认证。无公害农产品由农业部门认证,其标志的使用期为3年。

根据农产品质量安全监管需要和相应的国家标准、行业标准,经国家认监委决定将韭菜、猪肉、鳗鲡等62种重要的食用农产品纳入第一批实施认证的产品目录。绿色食品是遵循可持续发展原则、按照特定生产方式生产、经专门机构认定、许可,使用绿色食品标志的无污染的安全、优质、营养类食品。我国的绿色食品分为A级和AA级两种,其中A级绿色食品生产中允许限量使用化学合成生产材料,AA级绿色食品则较为严格地要求在生产过程中不使用化学合成的肥料、农药、兽药、饲料添加剂、食品添加剂和其他有害于环境和健康的物质。按照农业部发布的行业标准,AA级绿色食品等同于有机食品。从本质上讲,绿色食品是从普通食品向有机食品发展的一种过渡性产品。绿色食品标志的使用期为3年。

有机食品是指来自于有机农业生产体系,根据国际有机农业生产要求和相应的标准生产加工的,并通过独立的有机食品认证机构认证的农副产品,包括粮食、蔬菜、水果、奶制品、禽畜产品、蜂蜜、水产品、调料等。有机食品与其他食品的区别主要有三个方面:有机食品在生产加工过程中绝对禁止使用农药、化肥、激素等人工合成物质,并且不允许使用基因工程技术,其他食品则允许有限使用这些物质,并且不禁止使用基因工程技术。如绿色食品对基因工程技术和辐射技术的使用就未做规定,有机食品在土地生产转型方面有严格规定。考虑到某些物质在环境中会残留相当一段时间,土地从生产其他食品到生产有机食品和无公害食品需要两到三年的转换期,而生产绿色食品则没有转换期的要求。

7. 如何鉴别真假食品

(1)烤鱼片

很多学生喜欢吃烤鱼片,建议在选购烤鱼片时注意以下几点:

①烤鱼片的保质期一般为6个月,购买时尽量选购近期生产的产品,因为该产品水分、蛋白质含量较高,易滋生细菌,尤其在气温较高的环境中存放容易发生霉变现象。

②购买时应注意标签中的配料表,尽量不要选购含有防腐剂的烤鱼片。

③注意产品外观。好的烤鱼片产品一般呈黄白色,色泽均匀,边沿允许略带焦黄色,鱼片平整,片型完好,组织纤维非常明显,因而应选购黄白色或呈微黄色、鱼肉组织纤维明显

的产品,不要一味追求鱼片的白度。颜色非常白的产品,有可能在加工过程中使用了漂白剂或添加了淀粉类物质。

④应选择企业规模较大、产品质量和服务质量较好的知名企业的产品,因为这些企业管理水平较高,生产设备先进,质量意识高,有较强的质量检验能力,从原材料到成品质量均能受到较好控制,产品质量有所保证。

⑤尽量选购袋装烤鱼片。因为散装烤鱼片直接暴露在空气中,一方面由于空气干燥使烤鱼片水分减少,致使烤鱼片又干又韧,影响口感,另一方面又极易受到环境中细菌、灰尘、虫蝇等污染,使鱼片感染病菌或变质。

(2)烘炒食品

烘炒食品又称炒货,是以果蔬籽、果仁、坚果等为主要原料,添加或不添加辅料,经炒制或烘烤而成的食品。合格的烘炒食品应具有果蔬籽、果仁、坚果等食品固有的外形、色泽、气味和滋味,口感松脆,不应有霉变、虫蛀现象,不应有酸败、臭味、苦味等异味。

①要选品牌。目前市场上炒货产品质量表现为大型知名企业生产的产品质量较为稳定,而一些非主流销售渠道销售的产品质量良莠不齐,具体表现在微生物指标超标,酸价、过氧化值不符合标准要求,产品超范围使用食品添加剂等。

②要看标识。选购时最好注意产品的标签标识,炒货标签应标明产品名称、净含量、配料表、制造者(或经销者)的名称和地址、产品标准号、生产日期、保质期,因炒货油脂含量较高,如果保存不当,受高温和高湿度的影响,易造成产品变质,所以在购买时特别注意产品的生产日期,选择保质期内的产品,最好是距离生产日期较近的出厂不久的产品。同时,检查包装是否破裂,最好是真空包装或者在包装中有脱氧剂。

③品尝感观。打开包装闻一下产品的气味是否正常,应没有刺鼻的异味;外观应没有发芽、霉变、生虫,口感应松脆。

(3)膨化食品及油炸小食品

近年来,随着生活水平的不断提高,膨化食品及油炸小食品已成为一种时尚的休闲食品。以其五彩缤纷的包装、琳琅满目的品种和鲜美松脆的口感深受学生们的喜爱。

①要选购标识说明完整详细的产品。特别要注意是否有生产日期和保质期,并购买近期的产品。食品标签是联系消费者与产品之间的桥梁,认真看清标签的内容,标识标注齐全的产品是产品质量安全的基本保障。

②要选择可靠的商家和品牌。好的商家对商品的进货质量把关较严,所销售的商品质量较有保证,其产品无论是包装、口味还是内在质量都是上乘的,质量安全有良好的保障。

③要查看产品外包装。为了防止膨化食品被挤压、破碎,防止产品油脂氧化、酸败,不少膨化食品包装袋内要充入气体来保障膨化食品长期不变色、不变味。在购买膨化食品时,若发现包装漏气,消费者则不宜选购。

④要避免购买促销玩具或卡片与食品直接混装的产品。

(4)含乳饮料

含乳饮料是以鲜乳或乳粉、植物蛋白乳(粉)、果菜汁或糖类为原料,添加或不添加食品添加剂与辅料,经杀菌、冷却、接种乳酸菌发酵剂、培养发酵、稀释而制成的活性或非活性饮料。含乳饮料一般不含二氧化碳,盛入各种形状的瓶、管内,加热封口成定型包装食品出售。由于其味道香甜,并有奶香味,学生们特别喜欢。面对众多的含乳饮料生产企业和品牌,以及产品质量差异较大的含乳饮料产品,选购时最好考虑以下几点:

①选择生产规模较大、产品质量和服务质量较好的知名企业的产品。由于规模较大的生产企业对原材料的质量控制较严,生产设备和工艺水平先进,企业管理水平较高,产品质量也有所保证。

②要仔细查看产品包装上的标签标识是否齐全,特别是配料表和产品成分表,以便区分产品是配制型含乳饮料还是发酵型含乳饮料,是活性类产品还是非活性类产品,然后选择适合自己口味的品种,再根据产品成分表中蛋白质含量的多少,选择自己需要的产品。

③含乳饮料中含活性菌的乳酸菌饮料产品保质期较短,并且需要在 2~4℃下冷藏保存,消费者在购买时应注意保质期和冷藏条件。食用时应仔细品尝产品,含乳饮料应具有纯乳酸发酵剂制成的乳酸饮料特有的气味,无酒精发酵味、霉味和其他外来的不良气味。

(5)干果、干菜类产品

购买干果、干菜类产品时尽可能不要购买散装产品,尽量选购定型包装产品。购买时注意包装上面是否按规定标出了产品品名、产地、厂名、生产日期、批号或代号、规格、保质期限、食用方法等。尽量选择规模较大、产品质量和服务质量较好的知名企业的产品。此外,定型包装产品在打开包装后闻一下是否有刺鼻的异味,如有则可能为二氧化硫残留量较高的产品,可将产品放在清水中充分浸泡后食用。

(6)糖果

糖果是以白砂糖、淀粉糖浆(或其他食糖)或允许使用的甜味剂为主要原料,按一定生产工艺要求加工制成的固态或半固态甜味食品。糖果的主要成分是碳水化合物,提供给人体能量。当人们感到疲劳或饥饿时,吃一粒糖果,就会感到精神倍增,有利健康,但对某些消费者来说,特别是处于成长期的青少年,过多食用糖果,会造成人体内能量积累,影响正常食欲。在选购糖果时,可根据各自的需要和特点,挑选相应的产品。同时应注意以下几点:

①尽可能在正规的商店或超市里购买糖果,因为这些商店或超市的进货渠道规范,万一出现质量问题能得到较好地解决。

②选购近期生产的、包装完整的产品。特别是一些含乳制品的糖果,超过保质期,容易发生变质。外观上会发黄,口感上会有异味。另外,包装破损,产品会受到污染。

③临睡前尽量少吃糖果,避免过多的能量在体内积蓄转化为脂肪。吃过糖果后应刷牙。

(7)酱腌菜

酱菜是指以甜面酱或豆酱酱制而成的蔬菜制品;腌菜是指以食盐、酱油等腌制而成的蔬菜。不少住校学生都喜欢带上一些酱腌菜,作为调口味的方便食品。酱腌菜产品众多,在购买时,可根据自己的喜爱选购。选购时注意以下几点:

①要在正规的大型商场或超市中购买酱腌菜。大型商场对经销的产品一般进货把关好,经销的产品质量和售后服务有保证。

②选购大型企业或有品牌的企业生产的产品,这些企业管理规范,生产条件和设备好,产品质量稳定。

③尽量购买预包装的酱腌菜产品,这样可避免产品在运输和销售时受到二次污染。选购散装酱腌菜时,也不要在产品质量无保证的摊点购买,同时应注意产品的色、香、味应正常,无杂质和霉变现象。

④酱腌菜的包装不应有胀袋现象,汤汁清晰不浑浊,固形物无腐败的现象。如发现袋装产品已胀袋或瓶装产品瓶盖已凸起,产品有可能已有细菌侵入并繁殖发酵,不能食用。

⑤购买近期生产的产品,包装产品一旦开封食用后,应尽快吃完,避免产品受到污染,发生变质。

⑥相比之下,购买瓶装酱腌菜的质量比塑料袋包装要好,杀菌工艺和包装密封性好,保质期长。

二、科学饮食

1. 维生素和矿物质

维生素和矿物质可以使我们长寿。这些物质可以从食物中直接获得。维生素和矿物质有如下作用:

(1)避免各类癌症的攻击;

(2)减少心脏和循环系统疾病;

(3)降低胆固醇;

(4)改善血液循环;

(5)作为抗氧化剂,可以延缓衰老;

(6)增强免疫系统的有效性;

(7)保护机体免受环境污染和食物补品的危害;

(8)抵御感染;

(9)防止贫血;

(10)解除有害物质的毒素;

(11)去除有毒金属,如汞和镉;

(12)减轻风湿性关节炎的症状;

(13)减轻对甜食的渴求,从而有助于减肥;

(14)保持肌肤健康。

维生素能延长寿命。日常饮食中的某些物质有助于延缓衰老进程。这类物质中最常见的是维生素 C、维生素 E、β-胡萝卜素及诸如硒和锌之类的矿物质。

2. 现代快餐与维生素缺乏症

由于人们生活水平的显著提高,营养过剩变成了时髦病,伴随而来的糖尿病、高血压、心脑血管病成了困扰现代人生命健康的常见病、多发病。

那么是不是说由于物质生活水平提高,就不会有营养素缺乏现象了呢?回答是否定

的。目前,值得我们注意的是新的营养不良症在不断出现,表现为以下几个方面:

一是维生素类摄入不足,特别是维生素 C 缺乏;

二是膳食中纤维素比重降低,增加了大肠癌、胆囊炎、胆石症等的发病率;

三是今日社会以高糖、高脂肪、高蛋白为特征的营养素配比,属于新的营养不良,因为肥胖从本质上说是摄入营养素不平衡。

四是由于粗粮、蔬菜等摄入不足,导致矿物质微量元素缺乏。

特别是维生素缺乏症,多见于现代社会中生活节奏快、工作高度紧张的中青年人。他们当中许多人,早餐匆匆抓个馒头或两根油条了事;中餐则不是康师傅方便面便是麦当劳快餐,其中热量、脂肪勉强能够满足人体需要,但蛋白质和蔬菜水果则相对不足,尤其是后者几乎缺乏。如此下去极易引起维生素缺乏症,使机体内许多酶的代谢活性下降,免疫力低下,抗病能力差。因为蔬菜、水果是人体维生素 C、维生素 B、维生素 P 和 β-胡萝卜素的主要来源,在人体维生素 A 摄入不足时,其中 β-胡萝卜素还可以转化为维生素 A。

我们都知道,维生素 C 和维生素 A 是增强机体抵抗力的重要元素,维生素 C 不足,人体就会特别容易疲乏,导致坏血病、皮肤溃疡等。在人体中起着重要抗氧化作用、清除代谢所产生的有害氧自由基、延缓衰老的也是以 β-胡萝卜素、维生素 C、维生素 E 等为代表的维生素一族。它们还被证实在预防癌症、心血管疾病、白内障和促进儿童生长发育、减少感染性疾病方面起着决定性影响。

现代快餐食品中,最为缺少和贫乏的就是各种维生素、矿物质和微量元素。因此我们应该采取有效措施弥补这一缺陷,适当补充新鲜蔬菜、水果等。

国外研究资料表明,美国目前关于维生素 C 每日 250 毫克的推荐剂量是偏低的,实际上,每日理想的维生素摄入量约为 1000 毫克,特别是男青年应摄入更多的维生素 C。专家们建议,每天应食用 500 克水果和蔬菜,以保证维生素 C 和 β-胡萝卜素等维生素的摄入量。

其实,我国传统的以谷物、蔬菜为主的高纤维、高碳水化合物、低脂肪的膳食结构是较为适合人体代谢需要的,在此基础上稍补充优质蛋白质即可。西方国家那种高脂肪、高蛋白、高热量、低纤维素的膳食结构,已被证明是对人体有害的。

发达国家居民由于经济收入高,大量食用各种水果和饮用果汁不成问题,在某种程度上可补充人体所需要的维生素 C 和 β-胡萝卜素等。我们如果盲目仿效西方人食用"热狗"之类的快餐方便食品,又无法另外补充大量水果,则极易导致维生素缺乏症。这是值得高度警惕和重视的。

所以,如果不是加班加点,不是时间特别紧张,最好还是远离快餐食品,更不能一日三餐以方便面、面包之类充饥了事,因为长此下去,迟早会疾病缠身的。

3. 青少年膳食指南

(1)多吃谷类,供给充足的能量。谷类是我国膳食中主要的能量和蛋白质来源,青少年能量需要量大,每日约需 400 克到 500 克,具体可根据活动量的大小有所不同。

(2)保证鱼、肉、蛋、奶、豆类和蔬菜的摄入。这些物质含有丰富的蛋白质和钙。蛋白质是组成器官增长及调节生长发育和性成熟的各种激素的原料。蛋白质摄入不足会影响青少年的生长发育。青少年每日摄入的蛋白质应有一半以上为优质蛋白质,为此膳食中应含有充足的动物性和大豆类食物。钙是建造骨骼的重要成分,青少年正值生长旺盛时期,骨骼发育迅速,需要摄入充足的钙。

(3)参加体力活动,避免盲目节食。12岁是青春期开始,随之出现第二个生长高峰,身高每年可增加5厘米到7厘米,个别的可达10厘米到12厘米;体重年增长4千克到5千克,个别可达8千克到10千克。此时不但生长快,而且第二性征逐步出现,加之活动量大,学习负担重,其对能量和营养素的需求都超过成年人。

4. 女同学月经期间的饮食

女性的益颜健体饮食调养的原则之一,就是与月经周期变化相吻合的"周期饮食"。

不少女生,在月经来潮的前几天(月经前期)会有一些不舒服的症状,如抑郁、忧虑、情绪紧张、失眠、易怒、烦躁不安、疲劳等。一般认为,这与体内雌激素、孕激素的比例失调有关。此时,女生应选择既有益肤美容作用,又能补气、疏肝、调节不良情绪的食品、药品,如卷心菜、柚子、瘦猪肉、芹菜、粳米、鸭蛋、炒白术、淮山药、薏米、百合、金丝瓜、冬瓜、海带、海参、胡萝卜、白萝卜、胡桃仁、黑木耳、蘑菇等。

在月经来潮时,可出现食欲差、腰酸、疲劳等症状。此时,宜选用既有益肤美容作用,又对"经水之行"有益的食品、药品。宜选用的食品与药品有:羊肉、鸡肉、红枣、豆腐皮、苹果、薏仁、牛肉、牛奶、鸡蛋、红糖、益母草、当归、熟地、桃花等。

月经来潮时,要丢失一部分血液。血液的主要成分有血浆蛋白、钾、铁、钙、镁等无机盐。这就是说,每次来月经都会丢失一部分蛋白质与无机盐。因此,从原则上讲,月经干净之后的1到5天内(月经期后),应补充蛋白质、矿物质等营养物质及用一些补血药。在此期间可选用既可益肤美容又有补血活血作用的食品与药品有:牛奶、鸡蛋、鹌鹑蛋、牛肉、羊肉、猪胰、芡实、菠菜、樱桃、龙眼肉、荔枝肉、胡萝卜、苹果、当归、红花、桃花、熟地、黄精等。

5. 饮食改善免疫力

人体的免疫力大多取决于遗传基因,但是环境的影响也很大,其中又以饮食具有决定性的影响力。有些食物的成分能够协助刺激免疫系统,增加免疫能力。如果缺乏这些重要营养素成分,将会严重影响身体的免疫系统机能。至于哪些营养素与提升免疫力有关呢?细列如下:

(1)蛋白质是构成白血球和抗体的主要成分。实验证明蛋白质严重缺乏的人会使免疫细胞中的淋巴球数目大减,造成严重免疫机能下降。

(2)营养素中以维生素C、维生素B6、β-胡萝卜素和维生素E与免疫力关系密切。维生素C能刺激身体制造干扰素(一种抗癌活性物质),用来破坏病毒以减少白血球与病毒的结合,保持白血球的数目。一般人感冒时白血球中的维生素C会急速地消耗,因此感冒期间必须大量补充维生素C,以增强免疫力。

(3)维生素B6缺乏时,会引起免疫系统的退化。

(4)维生素E能增加抗体,以清除滤过性病毒、细菌和癌细胞,而且维生素E也能维持白血球的恒定,防止白血球细胞膜产生过氧化反应。

(5)β-胡萝卜素缺乏时,会严重减弱身体对病菌的抵抗力。

除此之外,营养素中的叶酸、维生素 B12、烟碱酸、泛酸和铁、锌等矿物质都和免疫能力有关联,人体缺乏时都会影响免疫机能。因此各类营养素的摄取必须十分充足,这样才能使我们的免疫系统强壮起来。

6. 青春期节食害处多

一些女孩进入青春期后,怕发胖,一味节食,甚至造成青春期厌食症。青春期是人体生长发育最旺盛的时期,营养缺乏所造成的危害极大。

节食会导致人体所需的热量不足。青春期人体代谢旺盛,活动量大,机体对营养的需要相对增多,既要满足生长发育的需要,又要支付每日学习、活动的需要。每日所需要的热量一般不能少于 12552 千焦(3000 千卡),如果达不到这一标准,就会影响生长发育。总之,青春期的热量应高于成年期的 25%～50%。节食必然导致蛋白质的摄入不足,造成负氮平衡,使生长发育迟缓,抵抗力下降,智力发育亦会受到影响,严重者会发生营养不良性水肿。女孩的青春期发育比男孩早,同时伴有明显的内分泌变化,蛋白质摄入不足所引起的不良后果将更为严重。

节食会导致各种维生素的摄入量不足。谷类中含有丰富的 B 族维生素,特别是维生素 B2,缺乏时会发生口角炎、舌炎;蔬菜中含有大量维生素 C,缺乏时可导致坏血病;维生素 D 缺乏可引起骨代谢异常,身材长不高或骨骼变形;维生素 A 缺乏可出现夜盲症。

节食可造成各种无机盐类及微量元素缺乏。钙、磷摄入不足或比例不当会直接影响骨骼发育;缺铁可导致贫血;缺锌可影响人体生长和性腺发育。

7. 日常生活中怎样注意饮食卫生

日常生活中要注意饮食卫生,否则就会传染疾病,危害健康,"病从口入"这句话讲的就是这个道理,要注意:

(1)养成吃东西以前洗手的习惯。人的双手每天干这干那,接触各种各样的东西,会沾染病菌、病毒和寄生虫卵。吃东西以前认真用肥皂洗净双手,才能减少"病从口入"的可能。

(2)生吃瓜果要洗净。瓜果蔬菜在生长过程中不仅会沾染病菌、病毒、寄生虫卵,还有残留的农药、杀虫剂等,如果不清洗干净,不仅可能染上疾病,还可能造成农药中毒。

(3)不随便吃野菜、野果。野菜、野果的种类很多,其中有的含有对人体有害的毒素,缺乏经验的人很难辨别清楚,只有不随便吃野菜、野果,才能避免中毒,确保安全。

(4)不吃腐烂变质的食物。食物腐烂变质,味道就会变酸、变苦;散发出异味儿,这是因为细菌大量繁殖引起的,吃了这些食物会造成食物中毒。

(5)不随意购买、食用街头小摊贩出售的劣质食品、饮料。这些劣质食品、饮料往往卫生质量不合格,食用、饮用会危害健康。

(6)不喝生水。水是否干净,仅凭肉眼很难分清,清澈透明的水也可能含有病菌、病毒,喝开水最安全。

三、食品污染

1. 食品污染的来源

根据污染食品的有害因素的性质,食品污染的来源可概括分为以下三大类:

(1)生物性污染

微生物污染:如细菌及其毒素的污染,霉菌及其毒素的污染。

寄生虫及虫卵的污染:如蛔虫、绦虫、旋毛虫等。

昆虫污染:如粮食中的甲虫类、蛾类、螨类等,肉、鱼、酱、咸菜中的蛆、蝇等,某些干果、糖果中害虫等。

(2)化学性污染

金属与非金属:汞、镉、铅、砷、氟等。

有机物:有机磷、有机氯、除虫菊酯等。

无机物:亚硝酸盐、亚硝胺等。

(3)放射性污染

①电离辐射;②食品中的放射性核素。

2. 污染的食品对人体的危害

有害物质对食品的污染种类繁多,性质各异,污染的方式和程度也是多种多样的。对食品污染的有害物质因种类和数量不同,对人体所造成的危害也有很大的不同,概括起来有下列几种情况:

(1)急性中毒:食品被大量的微生物及其产生的毒素或化学性物质的污染,进入人体后可引起急性中毒。

(2)慢性中毒:食物被某些有害物质污染,其含量虽少,但如果长期连续地通过食物进入人体,可引起机体的慢性中毒。

(3)致突变作用:食品中的某些污染物能引起生殖细胞和体细胞的突变,不论其突变的性质如何,一般都是这种化学物质毒性的一种表现。

(4)致畸作用:某些食品污染物,在动物胚胎的细胞分化和器官形成过程中,可使胚胎发育异常。

(5)致癌作用:目前具有或怀疑有致癌作用的物质约为数百种,常见污染食品的为数也不少,如多环芳烃、芳香胺类、氧胺类、亚硝胺化合物、黄曲霉毒素、天然致癌物以及砷、镉、镍、铅等。

3. 农药污染食品的途径及防治

农药对食品的污染途径可以通过喷洒直接污染食用作物,也可以通过水、土壤、空气的污染间接污染食品。具体有以下六个方面:

(1)农田施用农药直接污染食用作物。

(2)施用农药的农田灌溉水流入水体面污染水产食品。

(3)通过土壤中沉积的农药污染食用作物。

(4)通过大气中漂浮农药污染食用作物。

(5)饲料中残存农药转移入畜禽类食品。

(6)通过装过农药而未清洗净的运输工具和容器污染食品。

防止农药污染,可采取以下措施:

(1)加强农药管理:各种农药要建立注册制度,各出售农药的厂商必须申报注册。申请时必须具备该农药的化学成分、性质、适用范围、药效、用量、药害试验资料等。

(2)限制农药使用的种类和适用范围:凡属动物毒性试验确对动物有致癌作用的农药及合并使用的黏着剂等应绝对禁止使用。有些农药虽有剧毒,但用后很快分解,使用后食品也无不良气味,可用于蔬菜、水果、烟及茶等经济作物。

(3)规定施药与作物收获的间隔期:食品中农药残留量的多少,除与农药的性质、使用剂型和剂量有关外,还与施药与收获的间隔期有密切关系。为此,我国根据国内外情况对有些农药的使用分别规定了施药与作物收获的安全间隔期。

(4)提倡施用高效低毒、低残留农药:最理想的情况是在农药施用于作物之后到人类进食之前,农药能逐渐全部消失。

4. 工业污染物污染食品的途径及危害

(1)污染江河湖海,致使某些毒物通过水系生物的"食物链",浓缩于水产食品中。

(2)污染土壤,使农作物通过植物的根系吸收并蓄积某些有害物质。

(3)直接污染食用作物。

(4)受"三废"污染的水产品、农作物、牧草等充作畜禽饲料时,有害物质进一步污染蓄积于畜禽体内。

(5)工业污染物除引起食品色、香、味的改变,降低或丧失食品使用价值外,应当注意的是某些物质能在食物中蓄积浓缩,从而造成更为严重的污染。如果这种食品通过食物链进入人体,会使人类健康受到严重的威胁。

5. 食品的放射性污染的来源

食品的放射性污染主要来自以下几方面:

(1)核爆炸试验。核爆炸裂变产物中具有意义的核素是指产量大、半衰期较长,摄入量较高,或者虽然产量小但在体内排出期长的放射性核素,如锶89、锶90、铯137、碘131等。核试验后,这些放射性物质能较长时期存在于土壤和动植物组织中。

(2)放射性核素废物排放处理不当。核工业和其他工农业医学和科学实验中使用放射性核素处理不当时,均可通过"三废"排放,污染环境进而污染食品。

(3)意外事故、意外泄漏事故和地下核试验冒顶等造成环境及食物的污染,也是食品的放射性污染途径之一,这种情况可使食品中有大量放射性核素存在。

6. 防止金属毒物对食品的污染

(1)工业污染物的排放,必须经过无害化处理,如采用活性炭吸附、化学沉淀、离子交换等方法,使其符合排放标准后才能排放。

(2)对于排污的烟囱,汽车的尾气应安装除尘、消烟、净化装置,以减少对空气和食品的污染。

（3）凡含有金属的农药如有机汞农药等,应禁止使用。

（4）凡已受污染的食品,应先调查清楚污染源,污染方式、程度、范围以及受污染食品的数量和污染物的毒性等情况,根据具体情况因地制宜地处理,如轻微污染可采取剔除、去除污染物或改作非食用,如污染较重则应作销毁处理。

7. 正确处理和预防食品污染

（1）低温保藏食品注意事项

低温保藏无论是冷却（0℃左右）还是冷冻（－18℃以下）,一般只能抑制微生物的生长繁殖和酶的活力,都不能杀灭微生物和破坏酶。因此在低温保藏食品时应注意下列问题:

①低温保藏的时间应有一定的期限,最好用牌标明冷藏的日期。

②食品冷藏前,应尽量保持新鲜防止污染,尽量减少机械性破损。

③对各种类型的冷藏设备,必须有可靠的温度控制装置,保证冷藏温度,同时要严格防止污染食品。

④利用人造冰时,制冰用的水应符合生活饮用水的卫生标准。利用天然冰的,取冰地点必须无污染,在食用过程中要防止天然冰的融解水污染食品。

⑤冷库要注意防霉、除霜,冷库墙壁粉刷时可掺入1.5％的氟化钠,以防环境中霉菌生长。

⑥食品长期冷藏时,注意要分类存放,并留有间距,应定期检查食品质量,特别注意脂肪酸败和蔬菜霉变迹象。

（2）食品冷藏的最佳方法

食品冷藏时以采用急速冻结和缓慢解冻的方法为宜。速冻可使食品组织快速冻结,尽快通过对组织细胞有损害的冰晶形成的温度范围－5℃～0℃,减少组织破损,同时还可以提高微生物的死亡率,缓慢解冻,可以防止食品中营养物质的外溢,食品可恢复原有的鲜度性状。微波炉解冻也不失为一种好的解冻方法。解冻过程中还应注意卫生条件,防止微生物的污染。

（3）高温保藏食品方法

微生物对热敏感,食品经高温处理包括日常烹饪、炒、炸、焙、烤等工艺杀死其中的大部分微生物,破坏了酶的活性或加以真空、密闭、冷却等手段,使食品提高保存时间。这是人类最基本的食物保存手段。

高温保存方式有:①炉灶:为最普遍的一种保存方式。②烘烤:可以直火烘烤,也可以用红外线加热。③微波加热:即用微波炉加热。④蒸汽加热。

（4）正确使用脱水

水分是微生物赖以存活的物质。在绝对无水的情况下,任何生物都无法存活,水分多少与微生物存活繁殖有关,在有水分的情况下酶才有活性,水分是食物腐败的主要因素之一。脱水保藏在于把食品中水分降低到足以抑制微生物的生长繁殖,防止腐败的程度。

脱水保藏方法:①日晒或阴干法,即食品直接日晒或在没有阳光直射下自然干燥的方法。②利用加热烘干食品。③利用热气流蒸发干燥。④喷雾干燥。⑤热风干燥。⑥减压蒸发。⑦真空干燥。⑧冷冻干燥。

预防食品发霉:①控制水分:把食物含水量降低到霉菌不能生长的最低程度。②降温:

低温贮藏是保存食品的好办法,但是湿度应在 10％ 以下。③隔氧:对密封堆垛充填惰性气体(氮气或二氧化碳)。

四、食物中毒

1. 食物中毒后人体的反应

(1)发病过程呈急性暴发过程,潜伏期短而生病集中,一般在 24～48 小时以内发病。集体暴发性食物中毒时,有很多人在短时间内同时发病或食后相继发病。

(2)患者有共同的食物史,发病与食用有毒食物有明显的因果关系,病人在相近的时间内都吃过一种或几种有毒食物,发病范围局限于食用该种有毒食物的人群中,未进食这种食物的人不发病,停止食用这种有毒食物后,发病就很快停止。

(3)症状相似,所有病人的临床表现基本相似,多见急性胃炎症状,如恶心、呕吐、腹疼、腹泻等,所以一般胃肠道症状是食物中毒的早期症状。

(4)不传染、无余波,没有人与人之间的直接传染,所以发病曲线常于发病后呈突然急剧上升又迅速下降的趋势,无传染病所具有的拖尾余波。

以上特点,在集体暴发性食物中毒时比较明显,而散发性病例易被忽略,同学们要注意。

2. 如何防止食物中毒

要防止食物中毒,应该在日常生活中注意一些问题:

(1)个人要养成良好的卫生习惯,养成饭前、便后洗手的卫生习惯。外出不方便洗手时一定要用酒精棉或消毒餐巾擦手。

(2)餐具要卫生,每个人要有自己的专用餐具,饭后将餐具洗干净存放在一个干净的塑料袋内或纱布袋内。

(3)饮食要卫生,生吃的蔬菜、瓜果、梨桃之类的食物一定要洗净皮。不要吃隔夜变味的饭菜。不要食用腐烂变质的食物和病死的禽、畜肉。剩饭菜食用前一定要热透。

(4)生、熟食品要分开,切过生食的刀和案板一定不能再切熟食,摸过生肉的手一定要洗净再去拿熟肉,避免生熟食品交叉污染。

(5)对不熟悉的野生动物不要随意猎捕食用,海蜇等产品宜用饱和食盐水浸泡保存,食用前应冲洗干净。扁豆一定要焖熟后食用。

(6)服用药品时一定要遵照医嘱服用,千万注意不要超剂量服用,以免造成药物中毒。药物同时服用要遵医嘱,避免混合产生副作用。敌敌畏杀虫剂和灭鼠药等不能与食物放在一起。

3. 常见中毒情况

(1)扁豆中毒怎么办

扁豆中含有皂素等有害物,如果吃了加热不透的扁豆半小时到几小时之内就可发生中毒,表现为恶心呕吐,血细胞增高。食用急火炒或凉拌的扁豆发生中毒者多。中毒轻者经过休息可自行恢复,用甘草、绿豆适量煎汤当茶饮,有一定的解毒作用。

(2)蘑菇中毒怎么办

一旦误食中毒,要立即催吐、洗胃、导泻。对中毒不久而无明显呕吐者,可先用手指、筷子等刺激其舌根部催吐,然后用 1∶2000 至 5000 高锰酸钾溶液、浓茶水或 0.5% 活性炭混悬液等反复洗胃。让中毒者大量饮用温开水或稀盐水,以减少毒素的吸收。

(3)细菌性中毒怎么办

食物在制作、储运、出售过程中处理不当会被细菌污染。食用这样的食物会导致细菌性食物中毒,中毒催吐后如胃内容物已呕吐完但仍恶心呕吐不止,可用生姜汁 1 匙加糖冲服,以止呕吐。生大蒜 4 至 5 瓣,每天生吃 2 至 3 次。几天内尽量少吃油腻食物。

(4)亚硝酸盐中毒怎么办

误食亚硝酸盐的人通常会出现胸闷憋气、紫绀的现象。一旦发生亚硝酸盐中毒应立即抢救,迅速灌肠、洗胃、导泻,让中毒者大量饮水。患者一定要卧床休息,注意保暖。应将患者置于空气新鲜、通风良好的坏境中。

(5)服安眠药过量怎么办

服用过量安眠药会引起急性中毒,轻者有头痛、嗜睡、眩晕、恶心、呕吐等表现;重者会出现昏睡不醒、体温下降、脉搏弱等症状。服药早期,可先喝几口淡盐水,然后用催吐;若服药已超过 6 小时,应口服导泻药,促使药物排出。有条件的可给予吸氧,还可刺激其人中、涌泉、合谷、百合等穴位。

4. 食物中毒如何自救

(1)注意个人卫生,生吃瓜果要认真清洗,并将腐烂部分摒弃。饭前便后要用清洁用品洗手。

(2)在外就餐时尽量不要选择无证无照的"路边摊",而要去卫生条件好、管理严格的饭馆。就餐时如有异味要马上停止食用。

(3)一旦吃过东西后胃里有不舒服的感觉,马上用手指或筷子等帮助催吐,并及时到医疗机构寻求救治。

(4)自己制作的食物要做到生熟分开,尤其是案板、刀具等直接接触食物的用具;做好烹饪用具的消毒;食物要密闭存放,减少被外界污染的机会。

(5)在外就餐要吃经过长时间高温蒸煮后的食物。

五、用药安全

1. 购买药品应注意的事项

(1)到有《药品经营许可证》的药店购药,并要求药店开具票据。

(2)仔细查看药品标签或说明书。标签或说明书必须注明药品的通用名称、成分、规格、生产企业、批准文号、产品批号、生产日期、有效期、适应症或者功能主治、用法、用量、禁忌、不良反应和注意事项。产品批号、生产日期、有效期标识不全的药品不能购买。

(3)不要盲目相信广告。《药品管理法》对药品广告作出了严格规定。如药品广告需包含企业名称、产品批准文号、产品使用注意事项、广告批准文号等基本内容,不得有"根治"、

"安全无副作用"、"疗效最佳"等绝对化用语及违反科学规律的明示或暗示包治百病、适应所有症状等内容,不得含有治愈率、有效率及获奖的内容,宣传内容不得超出批准适应症的范围等等。若发现神乎其神的药品广告,就要留心该广告可能存在虚假内容。

(4)不要轻信销售人员的推荐之辞。用药前最好咨询医生,请医生开具处方,到药店购药。

(5)慎重对待做活动售药、赠药、邮购药品。谨防一些不法药商利用集会、赠药以及邮购等手段,兜售假劣药品和保健品欺骗患者。

(6)了解药品的相关知识。如药品批准文号,目前市场上药品批准文号为:国药准字H(Z、S、J)+8位阿拉伯数字组成,其中 H 代表化学药品,Z 代表中药,S 代表生物制品,J 代表进口药品分包装。进口药品注册证号由字母 H(Z、S)+8 位阿拉伯数字组成,其中 H 代表化学药品,Z 代表中药,S 代表生物制品。凡在中国境内销售和使用的药品,包装、标签所用文字必须以中文为主。有关药品批准文号可以到国家食品药品监督管理局网站上查询。

2. 常用的用药方法

用药方法又称给药途径或给药方法。常用的用药方法有以下几种:

(1)口服。药物口服后,可经过胃肠道吸收而作用于全身,或留在胃肠道作用于胃肠局部。口服是较方便的用药方法,也是最常用的,适用于大多数药物和病人。

(2)注射。注射用药分为皮下、肌内、静脉、鞘内注射等数种。皮下注射,即将药物注射在皮下结缔组织内,常在做皮肤试验时使用。肌内注射,即将药物注射于肌肉内(多在臀部肌肉内),油剂、混悬剂、刺激性药物均宜用肌注。静脉注射,用量可较大,并且奏效快,常用于急救情况,使用危险性较大。用药量如果更大,可采用输液法,使药液缓慢流入静脉内。在药物不能进入脊髓液或不能很快达到所需浓度,可采用鞘内注射。

(3)舌下给药。只适用于少数容易穿透黏膜的药物,起效快,如舌下含服硝酸甘油可较快缓解心绞痛。

(4)吸入给药。药物通过扩散自肺泡进入血液,其起效速度与吸入气体中的药物浓度有关。

(5)局部用药。如涂擦、撒粉、喷雾、含嗽、湿敷、洗涤、滴入等方法,主要在局部发挥作用。

3. 滥用药物的危害

滥用药物,就是无针对性地用药,会引起各种不同程度的危害。

(1)滥用抗生素。指不注意抗生素的适应症,一有伤风感冒等小痛小病就使用抗生素,这很可能引起过敏、二重感染、耐药性等情况。

(2)滥用解热镇痛药。这不仅易使有些人对解热镇痛药形成依赖性,且可导致许多严重的药源性疾病。

(3)滥用补药。这个问题比较普遍而严重,有些人迷信人参、鹿茸、维生素与矿物质等所谓的补药,认为这类药品有益无害,其实不然,无针对性、无时限、过量地服用这类药品,对人体可能会有害处。

(4)不合理的联合用药。根据治疗的需要,联合用药是必要的,但使用的药物愈多,产生不良反应的可能性就愈大。因此,应尽量避免不合理的联合用药。

4. 如何识别家庭贮备药品是否变质

有些药品观察其外观形状便可判断出其内在质量是否发生了变化,现简要介绍如下:

(1)片剂:白色片变黄;有色片颜色加深,并有斑点;有疏松、裂片、粘连、异臭等现象时,说明药片已潮解或发霉、变质,不可再用;糖衣片稍褪色时尚可考虑继续使用,若已全部褪色或糖衣发黑,出现严重花斑、发霉、糖衣层裂开、粘连等情况时,则不宜再用。

(2)胶囊剂:若出现破裂、变色、粘连、结块、发霉等情况时,不宜再用。

(3)水剂(包括眼药水、滴鼻剂、滴耳剂):若有结晶、沉淀、混浊、霉点、变色等,不可再用。

(4)针剂:若出现浑浊、沉淀、结晶析出、变色或霉点等现象则不应使用。

(5)糖浆剂、合剂、口服液:若有析水、沉淀、混浊、霉变等现象及嗅之有异味,打开后有气泡产生,说明已变质。

(6)软膏剂:若出现膏质油水分离、结晶析出,有酸败、异臭,则不能使用。

(7)中药:不少家庭贮备了人参、燕窝、鹿茸等贵重中药,若贮存不当会出现霉烂、虫蛀等变质现象,则不宜再用。

变质药品不能再使用。在不能确定药品是否变质时应送到药品检验机构进行检验。

六、预防辐射

1. 一般辐射预防

辐射包括天然辐射和人工辐射。天然的电磁辐射来自于地球的热辐射、太阳热辐射、宇宙射线、雷电等。人工电磁辐射来自于广播、电视、雷达、通信基站及电磁能在工业、科学、医疗和生活中的应用设备。

预防辐射应注意以下几点:

(1)不要把家用电器摆放得过于集中或经常一起使用,特别是电视、电脑、电冰箱不宜集中摆放在卧室里,以免使自己暴露在超剂量辐射的危险中。

(2)各种家用电器、办公设备、移动电话等都应尽量避免长时间操作。

(3)当电器暂停使用时,最好不让它们处于待机状态,因为此时可产生较微弱的电磁场。

(4)对各种电器的使用,应保持一定的安全距离。

(5)手机接通瞬间释放的电磁辐射最大,最好在手机响过一两秒或电话两次铃声间歇中接听电话。

(6)多吃胡萝卜、西红柿、海带、瘦肉、动物肝脏等富含维生素 A、C 和蛋白质的食物,加强肌体抵抗电磁辐射的能力。

2. 电脑辐射预防

现在,电脑已经成为人们生活和工作不可缺少的工具,它在给人们带来诸多方便的同时,也带来了一些烦恼和忧虑。长期接触电脑,电脑辐射不仅会对人体产生不良影响,甚至会危害健康。医学证明,电脑辐射对人体的危害非常大,长期处于高电磁辐射的环境中,会使血液、淋巴液和细胞原生质发生改变,电磁辐射过度会影响到人体的循环系统、免疫、生殖和代谢功能。认识电脑辐射,正确地使用电脑,是当前亟待解决的一个课题。

(1)给电脑装备使用真正的防辐产品,如防辐射机箱、防辐射屏等设备。

(2)养成良好的卫生习惯。不宜一边操作电脑一边吃东西,否则易造成消化不良或胃炎。

(3)注意保持皮肤清洁。电脑荧光屏的静电会将其集聚的灰尘转射到脸部和手的皮肤裸露处,易引发斑疹、色素沉着,严重者甚至会引起皮肤病变等;

(4)注意补充营养。电脑操作者在荧光屏前工作时间过长,视网膜上的视紫红质会被消耗掉,应多吃些胡萝卜、白菜、豆芽、豆腐、红枣、橘子以及牛奶、鸡蛋、动物肝脏、瘦肉等食物,以补充人体内维生素 A 和蛋白质;

(5)注意正确的姿势。操作时坐姿应正确舒适,应经常眨眨眼睛或闭目休息一会儿,预防视力减退;

(6)注意工作环境。电脑室内光线要适宜,不可过亮或过暗,定期清除室内的粉尘及微生物;

(7)注意劳逸结合。一般来说,电脑操作人员在连续工作 1 小时后应该休息 10 分钟左右;

(8)注意保护视力。欲保护好视力,除了定时休息、注意补充含维生素 A 类丰富的食物之外,最好注意远眺,经常做眼保健操,保证充足的睡眠。

七、传染病防治

1. 什么是传染病

传染病是由各种病原体所引起的一组具有传染性的疾病。病原体通过某种方式在人群中传播,常造成传染病流行。这将对人的生命健康和国家经济建设有极大危害。

2. 传染病的基本特征

(1)有病原体。每种传染病都有其特异的病原体,包括病毒、立克次体、细菌、真菌、螺旋体、原虫等。

(2)有传染性。病原体从宿主排出体外,通过一定方式,到达新的易感染者体内,呈现出一定传染性,其传染强度与病原体种类、数量、易感者的免疫状态等有关。

（3）有流行性、地方性、季节性。

①流行性，按传染病流行病过程的强度和广度分为：

散发：是指传染病在人群中散在发生。

流行：是指某一地区或某一单位，在某一时期内，某种传染病的发病率超过了历年同期的发病水平。

大流行：指某种传染病在一个短时期内迅速传播、蔓延，超过了一般的流行强度。

暴发：指某一局部地区或单位，在短期内突然出现众多的同一种疾病的病人。

②地方性是指某些传染病或寄生虫病，其中间宿主受地理条件、气温条件变化的影响，常局限于一定的地理范围内发生。如虫媒传染病、自然疫源性疾病。

③季节性指传染病的发病率，在年度内有季节性升高。此与温度、湿度的改变有关。

（4）有免疫性。传染病痊愈后，人体对同一种传染病病原体产生不感受性，称为免疫。不同的传染病、病后免疫状态有所不同，有的传染病患病一次后可终身免疫，有的还可感染。

3. 传染病的传播途径

病原体从传染源排出体外，经过一定的传播方式，到达与侵入新的易感者的过程，谓之传播途径。分为四种传播方式。

（1）水与食物传播

病原体借粪便排出体外，污染水和食物，易感者通过污染的水和食物受染。菌痢、伤寒、霍乱、甲型毒性肝炎等病通过此方式传播。

（2）空气飞沫传播

病原体由传染源通过咳嗽、喷嚏、谈话排出的分泌物和飞沫，使易感者吸入受染。流脑、猩红热、百日咳、流感、麻疹等病通过此方式传播。

（3）虫媒传播病

原体在昆虫体内繁殖，完成其生活周期，通过不同的侵入方式使病原体进入易感者体内。蚊、蚤、蜱、恙虫、蝇等昆虫为重要传播媒介。如蚊传播疟疾、丝虫病、乙型脑炎、蜱传播回归热、虱传播斑疹伤寒、蚤传播鼠疫、恙虫传播恙虫病。由于病原体在昆虫体内的繁殖周期中的某一阶段才能造成传播，故称生物传播。病原体通过蝇机械携带传播于易感者称机械传播。如菌痢、伤寒等。

（4）接触传播

接触传播有直接接触与间接接触两种传播方式，如皮肤炭疽、狂犬病等均为直接接触而受染；乙型肝炎之注射受染、血吸虫病、钩端螺旋体病为接触疫水传染均为直接接触传播；多种肠道传染病通过污染的手传染，谓之间接传播。

4. 传染病流行过程的基本环节

传染病的流行必须具备三个基本环节就是传染源、传播途径和人群易感性。三个环节必须同时存在，方能构成传染病流行，缺少其中的任何一个环节，新的传染不会发生，不可能形成流行。

5. 传染病的治疗方法

（1）一般治疗

①隔离

根据传染病传染性的强弱，传播途径的不同和传染期的长短，收住相应隔离病室。隔离分为严密隔离、呼吸道隔离、消化道隔离、接触与昆虫隔离等。隔离的同时要做好消毒工作。

②护理

病室保持安静清洁，空气流通新鲜，使病人保持良好的休息状态。对休克、出血、昏迷、抽风、窒息、呼吸衰竭、循环障碍等专项特殊护理，对降低病死率，防止各种并发症的发生有重要意义。

③饮食

保证一定热量的供应，根据不同的病情给予流质、半流质软食等，并补充各种维生素。对进食困难的病人需喂食、鼻饲或静脉补给必要的营养品。

（2）对症与支持治疗

①降温

对高热病人可用头部放置冰袋，酒精擦浴，温水灌肠等物理疗法，亦可针刺合谷、曲池、大椎等穴位，超高热病人可用亚冬眠疗法，亦可间断肾上腺皮质激素。

②纠正酸碱失衡及电解质紊乱

高热、呕吐、腹泻、大汗、多尿等所致失水、失盐酸中毒等，通过口服及静脉输注及时补充纠正。

③镇静止惊

因高热，脑缺氧，脑水肿，脑疝等发生的惊厥或抽风，应立即采用降温，镇静药物，脱水剂等处理。

④心功能不全

应给予强心药，改善血循环，纠正与解除引起心功能不全的诸因素。

⑤呼吸衰竭

去除呼吸衰竭的方法，保持呼吸道通畅，吸氧，呼吸兴奋药，或利用人工呼吸器。

6. 常见传染病的防治

（1）流行性感冒的防治

流行性感冒（简称流感）是由流感病毒引起的急性呼吸道传染病。它的特点是潜伏期短，传播速度快，发病率高，患者表现为突然发烧、咽痛、干咳、乏力、球结膜发红、全身肌肉酸痛。一般持续数日全身不适，严重时可导致病毒性肺炎或肺部继发感染。对于年老体弱者来说，流感是一种威胁极大的传染病，因为它除了可引起发烧和周身不适外，还易使病人发生并发症，使原患有肺心病、冠心病的患者病情加重，甚至导致死亡。据有关资料报道，世界上最近几次的流感爆发中，都有千万人因患流感而死亡。

流感的流行具有明显的季节性，主要发生在冬春季。它的流行也有一定的规律性，一

般3～5年形成一次小流行,8～10年形成一次大流行。对于流感的预防和控制,世界上目前多采用疫苗和药物预防两种措施。疫苗对甲、乙型流感均有预防作用,而预防流感的药物——金钢烷胺却只对甲型流感有预防作用。我国目前对金钢烷胺的使用已较普遍,即在甲型流感的爆发区域内对所有人员用抗病毒药物金钢烷胺做预防性投药,使流行的范围逐渐缩小,甚至中止流行。但流感疫苗的使用,目前在国内还不广泛。下面,向大家介绍一组预防流感的简易有效措施:

个人防护口、鼻洗漱法:食醋一份加开水一份等量混合,待温,于口腔及咽喉部含漱,然后用剩余的食醋冲洗鼻腔,每日早、晚各一次,流行期间连用5天。

空间消毒法:这种方法适用于家庭住房,将食醋一份与水一份混合,装入喷雾器,于晚间休息前紧闭门窗后喷雾消毒。新式房屋或楼房以每立方米空间喷雾原醋2～5毫升,老式房屋每间按50～100毫升为宜,隔天消毒一次,共喷3次。在流感严重期间或家庭内部已出现病员的情况下,食醋的用量要增至每间房150～250毫升。

住宅熏蒸(煮)法:将门窗紧闭,把醋倒入铁锅或沙锅等容器,以文火煮沸,使醋酸蒸气充满房间,直至食醋煮干,等容器晾凉后加入清水少许,溶解锅底残留的醋汁,再熏蒸,如此反复三遍;食醋用量为每间房屋150毫升,严重流行高峰期间可增加至250～300毫升,连用5天。

在这两种空气消毒法中,可根据条件任意选择,如只有暖气设备而无火源时可采取空喷雾消毒法。在有火源而无喷雾器时,可采用熏蒸消毒法。这些方法的实行都很简便,也都具有消毒的实效。

除吃药预防以及实行个人口腔鼻腔消毒预防、环境空气消毒外,还要注意在流感流行期间少去公共场所,减少感染机会。要注意体育锻炼,保证休息,增强体质。提高自己的身体抵抗力也是预防流感的重要措施。

(2)禽流感

禽流感是禽流行性感冒的简称,它是一种由甲型流感病毒引起的传染性疾病,被国际兽疫局定为甲类传染病,又称真性鸡瘟或欧洲鸡瘟。按病原体类型的不同,禽流感可分为高致病性、低致病性和非致病性禽流感三大类。非致病性禽流感不会引起明显症状,仅使染病的禽鸟体内产生病毒抗体。低致病性禽流感可使禽类出现轻度呼吸道症状,食量减少,产蛋量下降,出现零星死亡。高致病性禽流感最为严重,发病率和死亡率均高,感染的鸡群常常"全军覆没"。

禽流感经过以下途径引起人发病:①经过呼吸道飞沫与空气传播。病禽咳嗽和鸣叫时喷射出带有 H5N1 病毒的飞沫在空气中漂浮,人吸入呼吸道被感染发生禽流感。②经过消化道感染。进食病禽的肉及其制品、禽蛋,病禽污染的水、食物,用病禽污染的食具、饮具,或用被污染的手拿东西吃,受到传染而发病。③经过损伤的皮肤和眼结膜容易感染 H5N1 病毒而发病。

预防人类禽流感可以从以下几个方面入手。首先,管理传染源:加强禽类疫情监测,对受感染动物应立即销毁,对疫源地进行封锁,彻底消毒;患者应隔离治疗,转运时应戴口罩。其次,切断传播途径:接触患者或患者分泌物后应洗手;处理患者血液或分泌物时应戴手套;被患者血液或分泌物污染的医疗器械应消毒;发生疫情时,应尽量减少与禽类接触,接触禽类时应戴上手套和口罩,穿上防护衣。

(3)流行性乙型脑炎的防治

流行性乙型脑炎(简称乙脑),是我国夏秋季节常见的,由虫媒病毒引起的急性中枢神经系统传染病。早期在日本发现,国际上亦称为"日本脑炎",它通过蚊虫传播,多发生于儿童中,临床上以高热、意识障碍、抽搐、脑膜刺激为特征。常造成患者死亡或留下神经系统后遗症。

动物和人均可作为它的传染源,其中猪与马是重要的传染源。主要通过蚊子(三带稀库蚊等)叮咬传播,台湾螺线也可传播此病。该病的潜伏期为 4～21 天,一般 10 天左右。整个病程分为三期:①初期:病程第 1～3 天,有高热、呕吐、头痛、嗜睡;②极期:病程第 4～10 天,头痛加剧,好睡、昏睡至昏迷,惊厥或抽搐,肢体瘫痪,有脑膜刺激及颅内压增高表现,深度昏迷病人可发生呼吸衰竭。颅内病变部位不同还可出现相应神经系统症状和体征,此期持续 10 天左右;③恢复期:多数病人体温下降,神志逐渐清醒,语言功能及神经反射逐渐恢复,少数人留有失语、瘫痪、智力障碍等,经治疗在半年内恢复,半年后仍遗留上述症状称之为后遗症。

可采取以下防疫措施:①预防接种:用乙脑灭活疫苗进行接种。疫苗免疫后一个月免疫力达高峰,故应在乙脑流行期开始前一个月完成接种。②灭蚊。③隔离病人至体温正常,隔离期应着重防蚊。④搞好畜类卫生,仔猪应注射谷用乙脑疫苗。

(4)艾滋病的防治

艾滋病即获得性免疫缺乏症,是一种相对来说比较新的疾病。科学家认为,艾滋病是由一种病毒引起的,艾滋病病毒侵袭了免疫系统,即人体对疾病的内在防御系统,使免疫系统不能正常工作,所以艾滋病患者会由于患了其他人相当容易治愈的病而病入膏肓。艾滋病患者还可能患上免疫系统健全的人根本不会患上的某些罕见的、威胁生命的疾病,艾滋病病毒还可能使大脑感染,造成严重和致命的脑部疾病。

有些艾滋病人起初没有任何症状,他们看起来良好并且自我感觉完全健康。有些人开始生病时则会出现下列一种或几种症状:腺状组织肿大、极度疲乏、没有食欲;体重意外地突然下降、盗汗、出皮疹、发烧、头痛、腹泻,以及舌上长白斑或白苔。这些症状中有许多在患有包括感冒和流感在内的较为常见的疾病时也能出现。它们的区别是,艾滋病症状持续时间比正常情况预期的要长。

当艾滋病病毒使免疫系统崩溃时,就会得其他疾病,引起其他症状。例如,许多艾滋病患者患一种罕见的癌症,致使体内或体外长粉红色、褐色或紫红色的肿块。有些人患一种罕见的肺炎,导致咳嗽、胸痛和呼吸困难。有些人患脑部疾病,有诸如个性改变、丧失记忆力等症状和其他精神病迹象。

艾滋病人都是通过下列途径的一种传染上的:性接触传播、静脉注射针头、输血、孕妇传给胎儿。

艾滋病是一种病死率极高的严重传染病,目前,虽然还没有能够治愈它的药物和方法,但可以做到预防。避免艾滋病的最好办法是通过教育改变个人行为,养成防止染病的生活方式。有效地预防、控制艾滋病的健康教育应向公众阐明艾滋病的危害,改变高危行为,激励人们克服不正确的观念,提高对艾滋病的警惕性,学习到保护自己的生存技能,避免受到感染。

八、案例警示

案例一

2011年全国中小学校十大食物中毒事件

事件一:2011年5月12日,安徽一所小学14名学生食物中毒事件。

事件二:2011年4月15日,广西罗城仫佬族自治县黄金镇寺门村寺门小学,发生一起食物中毒事件,26名小学生在食用了路边摊的食物后,发生头晕、呕吐现象,被紧急送医院治疗。

事件三:2011年4月13日,无锡市惠山区洛社两所中学有部分学生出现疑似食物中毒症状。

事件四:2011年3月20日中午,滁州市乌衣中学17名高三学生在食堂吃过午餐后,集体出现腹痛腹泻、面红和头晕症状。

事件五:2011年3月8日晚,安徽亳州一中发生18名学生集体校外就餐食物中毒事件。

事件六:2011年3月3日上午,宿州萧县一所小学因过期食品发生学生集体中毒事件,数十名学生出现不同程度的肚痛、腹泻等症状。

事件七:2011年9月4日,河北省唐山市玉田县育英小学27名学生发生疑似食物中毒事件。

事件八:2011年9月4日,河北省隆化县章吉营中学自备水源井受到污染导致的熏染性腹泻疫情使135名学生出现腹泻征兆。

事件九:2011年9月20日,贵州桐梓县茅石乡中学发生一起食物中毒事故,34名学生中毒被送往医院救治,中毒原因可能与学生吃了食堂的月饼有关。

事件十:2011年10月10日下午,太原市新晓双语小学共有141名学生疑似食物中毒事件。

案例二

2006年陕西有7人死于乙脑

新华网西安2006年8月17日消息,记者从陕西省卫生厅了解到,鉴于陕西省乙型脑炎发病数不断上升,防治形势严峻,省卫生厅日前发出紧急通知,要求各地卫生部门和疾控中心严防乙脑暴发流行。

据陕西省卫生厅疾病控制与卫生应急处介绍,截至8月14日,陕西省今年共报告乙脑病例186例,比去年同期增加27.4%,死亡7例。全部病例中82%为农民和儿童。

陕西省卫生厅要求各地卫生部门和疾控中心大力开展灭蚊防治活动,尤其是陕南安康、汉中、商洛3个市,要迅速开展灭蚊和消除蚊虫的活动,减少蚊虫叮咬和感染,努力降低蚊虫密度,切断传播途径,减少人群感染机会,对建筑工地、道路施工等农民工集中、环境卫生条件较差的地方,主动提供技术指导,开展灭蚊防蚊活动。

据陕西省疾控中心介绍,今年夏天,西安地区水体蚊虫密度已超出国家标准22个百分点,而蚊虫正是传播乙脑的主要途径。乙脑传染源主要是动物和人,其中猪与马是重要的传染源,通过蚊子(三带稀库蚊等)叮咬传播。80%至90%的病例集中于7月至9月,老少均可发病,10岁以下儿童占发病总数的80%以上。

陕西省疾控中心提醒广大群众,乙脑是夏秋季节常见病,主要通过蚊虫传播,多发生于儿童,若有发热、头痛症状应尽快就近去医院接受治疗,不可耽误治疗时间。在乙脑流行季节,广大群众应通过预防接种疫苗、灭蚊切断传播途径、搞好畜类卫生等措施预防乙脑。

思考题

1. 如何处理食物中毒?
2. 如何预防电脑辐射?
3. 患了流行性感冒,该怎么办?
4. 传染病有哪些特征?

第六章 个人行为安全

达标要求：了解当前中职生个人行为安全面临的形势，熟悉如何防盗窃、防诈骗、防抢劫和防性侵害的基本知识，学会如何在勤工俭学和求职择业中保护自己，并自觉地远离毒品。

一、个人行为安全注意事项

中职生的生活阅历比较浅，生活经验不够丰富。在安全问题上，表现在防火、防盗、防骗、防滋扰、防意外伤害等方面缺乏基本常识，致使个人行为的安全问题比较突出。为了维护正常的教学和生活秩序，保障学生人身和财物的安全，促进学生的身心健康发展，必须对学生进行安全教育。

1. 上网安全

网络中有不少陷阱和骗局，网上资讯不乏色情、暴力、灰调。中职生上网要安全和健康，不经父母同意，不要在网络上告诉别人自己的姓名、电话、住址、年龄、手机号码、信用卡号码、照片资料，包括父母的资料也要小心保密，特别是自己的上网账号更要小心保密，不要轻易与在网络上认识的朋友私下见面。由于中职生涉世不深，成了一些图谋不轨的"网友"利用的对象，更有一些女学生因"网恋"而遭受身心伤害，所以中职生不能轻易相信"网友"，沉湎"网恋"。

2. 不要和陌生人搭讪

中职生在外出的路上，如果有陌生人主动与你搭讪，一是不要跟他走；二是记住他的脸部和衣着特征以及车牌号码；三是尽快从人多的地方走回学校或家中。

3. 不要贪吃陌生人提供的食物

中职生外出游玩时，如遇陌生人主动提供的饮料、糖果等食物，不要贪吃，以防有诈。同时不要答应陌生人的各种邀请。

4. 注意上门"推销"者的上门骚扰

中职生单独在家，有时会受到那些所谓的"推销"、"保险"等人的上门骚扰。可在家门口放一双男人的鞋子，可以吓退那些骚扰者或潜在的不法之徒。

二、防盗窃

1. 公交车、地铁、商场等人流密集场所的防盗

通常，盗窃最多发的地点就是公交车和地铁等人流密集的地方。发生在这些地方的防盗有以下几点：

(1)上下车的时候要小心。小偷"抢门"，就是趁上下车拥挤进行盗窃。

(2)车上，有人靠近，挡住你视线此时要注意被盗。

(3)人少的时候，不要打瞌睡。

(4)当车厢里不拥挤，而你身边局部拥挤时，小心被盗。

有时小偷还会借助一些工具来进行偷盗：比如用来划包的刀片、镊子和挂钩，所以在乘

车时,一定要多加小心,看管好自己的财物。同时,注意以下事项:

(1)上下车拥挤时,要格外注意防盗;

(2)钱包最好放在贴身的内侧兜,不要放在后兜、外侧兜;

(3)上车前,把零钱准备好,在车上,不要拿出钱包露财露富;

(4)背包最好放在胸前。

还有一个盗窃案件多发的地方就是人来人往的火车站,尤其是春运期间旅客比较多,而且大多都是回家探亲,行李比较多,大家要特别注意这样几种情况:

(1)扛包,腰间手机被偷。

(2)打电话,卡号被盗用。

(3)打公用电话,行李放旁边被盗。

(4)候车时,打瞌睡,包被盗。

打电话时注意看管好财物,不要把行李交给陌生人看管;检票和上车时注意保管财物;候车时不要打瞌睡。

除了公交车、地铁、车站之外,还有一些公共场所也是盗窃案件高发的地点,在这些地方也要多加小心。比如说商场、市场、餐馆,甚至在马路上和你的车里都有被盗窃的危险。

商场购物时,注意力集中在商品上,特别是在试衣试鞋的过程中,随手就会把包放在旁边。在商场购物,最好把包背在胸前,如果试衣服,也要把包放在自己的视线之内。另外,在拥挤的电梯上,或者是排队交钱的时候,也要格外注意看管好自己的财物。还有一个地点大家也要警惕,就是商场的出入口,这也是小偷作案的地点。出门,掀门帘被盗。当你进出时,在你抬手撩帘的一瞬间,就是小偷下手的好机会。

餐厅拎包案件也经常发生。当大家吃饭的时候,都会是比较放松的状态,警惕性也低一些。其实很多人平常去餐馆吃饭还是比较小心的,包都放在座位旁边,为什么还会被偷呢? 这时小偷盗窃都会讲究一些技巧,设下一些圈套,而且都是团伙作案,让人防不胜防。

(1)单人用食时,要警惕陌生人与你搭讪或碰撞,这样很容易分散注意力而被盗。

（2）把包放在靠墙一边或是行人比较少的一边,而且要在自己的视线之内。

（3）衣服搭在椅背上,最好用椅套套好,最好把钱物装在随身的衣兜内。

2. 户外人群并不密集地方的防盗

刚才我们说的都是室内盗窃的情况,那么,在外面,而且人群并不密集的地方,会不会有被盗的可能? 即使是在人少的街道上,同样不能掉以轻心。在行路中,被盗的情况也有很多。所以,要注意以下几点:单独行路时,特别是提东西时,要把挎包放在前边,外衣兜不要放贵重物品。如果是两人行路,要注意不要过分专注地交谈。

3. 自行车防盗

在中职生们的日常生活中,自行车扮演着十分重要的角色,它给我们的生活带来了很多方便,然而却经常成为盗贼的目标。当我们兴冲冲地出门准备骑车出去玩时,却发现自行车不见了。这是生活中经常发生的一幕。为了防范自行车被盗,中职生应注意以下几个方面:

（1）买车登记,骑车年检。首先,购买了新自行车要到自行车管理部门办理登记手续,携带买车收据、身份证件去办自行车行驶"执照",并在车体大拐、车把部位打上钢印号作为核对标记;其次,每年要积极办理年检并依法纳税,注意对这些合法手续妥善保管,即使自行车丢失也不要急于毁弃,因为一旦自行车被找回,它是查核认定的最佳凭证。

（2）不嫌麻烦,离车上锁。防范自行车被偷盗,最重要的是克服麻痹思想,离开车子时注意不要嫌麻烦,随时随地锁车,这是防范自行车被盗起码应该做到的。虽然上锁并非就能完全防止被盗,但至少能给盗车贼造成困难,因为无论是车子上没有锁具,还是大意忘锁或嫌麻烦不锁,都会为见财起意、顺手牵羊的盗车分子提供便利条件。

（3）选择高质量的车锁。购置防盗性能较好的车锁也很重要,最常见的上蟹形锁因铁皮薄、锁梁细,容易被撬被砸;"U"形锁外壳虽厚,但安全性能较低;蛇形钢锁面对盗车贼的剪线钳则毫无防范作用。如果同时使用两种类型的车锁,其防范性能一般不是简单的叠加,因为盗车贼也并非一定把各类工具都能携带齐全。有的专家还建议使用与摩托车锁类似能锁住车把的隐形锁。目前已经研制出了"要偷车必须破坏锁,锁坏了车就不能骑"的车、锁一体的防盗锁,大大提高了安全系数。

（4）自行车最忌随处乱放。即使再好的车锁对自行车来讲也并非绝对安全,因为采取扛走或整车推走方式盗车的案件也时有发生,不要乱扔滥放是防范盗窃的又一关键,特别是一些新型、高档和名牌自行车。例如,放置在住宅门口同样容易被盗,尤其在午休时或晚间就餐时间都是自行车丢失的高发时段。夜间把自行车放在楼梯间也并不安全,除非直接搬入室内。在公共场合随意停放在街边路口、商店门旁、车站附近,也没有安全保障。最好是把自行车存放在有人看管的停车场,花几毛钱买个安全。

（5）存车莫忘索取存车牌。曾有报道,某人把自行车存放在某存车处而没有索取凭证,第二天取车时发现被盗,看车人却称"丢了自认倒霉"。这提醒我们把自行车存入存车处时应问清最长存车时间,并索取存车凭证。存车处收取了看管费用就要对车的安全负责。自行车丢失,车主理应有索取赔偿的权利,而存车牌则是存车交费的唯一证据,所以,存车要选择实行车牌制度的存车处,更不要忘记索取存车牌。

(6)别贪便宜购买赃车。自行车被盗现象日趋严重,原因之一就是盗而能用,偷而能销。劝君不要贪图便宜到非法市场购买赃车,买旧车时注意查验核对行驶执照、车体车牌号码,以防手续有假或不全难以"过户",不能"合法拥有",一旦被人追回反而造成经济损失。另外,购买赃车等于为自己或他人自行车再次被盗埋下祸根。

三、防诈骗

1. 常见诈骗手段及预防

骗子行骗基本上都是抓住了人们心理上的某种弱点,或以利相诱,或危言耸听,最终目的就是骗取财物。最常见的骗术有以下四类:

骗术一:以利相诱。尽管人们都明白"天上不会掉馅饼"的道理,但当骗子将诱饵抛到面前时,还是有人被"馅饼"搞晕头脑,因而以利相诱的骗术最有"市场"。其常见的案例包括:发短信、喝易拉罐饮料中"大奖",利用一些人对外币缺乏常识低价兑换外币骗钱,用假冒"贵重"药品诱骗人们高价购买等。以上几种骗术,手段简单直露。另有一些骗术,虽然手段更为复杂,花样也更多,但还是利用了一些人贪便宜的心理,这值得中职生警惕。

骗术二:危言耸听。骗子利用一些人怕事或者迷信的心理,称你有病或是有灾,需要花钱化解,从而骗取那些"病急乱投医"者的钱财。"老中医"治病是此类骗术中最常见的一种。几个骗子合伙诱骗急于治病的人去找"老中医",然后出钱治病消灾。亲友在外"患病"也是一种常见的行骗手法。此类骗子诱骗出行者说出家中电话,然后偷偷给出行者家中打电话,以出行者的朋友自称,说其在旅途中患病或受伤、生命垂危,让其家人汇款至他给的账号以便救急。

骗术三:骗取同情。骗子编造一些"不幸的遭遇",骗得好心人的同情以获取钱财。如街上常见的寻亲不遇骗钱回家、假扮经济困难的学生寻求救助等。同类的还有"出差被偷"、"出门被骗"、亲友"病重"无钱医治等。这种骗子一般举止文明、彬彬有礼,更具有迷惑性。

骗术四:"熟人"作案。此类"熟人"并非真正的熟人,而是见面时间不长便显得与你很熟悉的那种人。他们多表现得非常热情,获取你的信任后作案逃逸。一些骗子"请"吃饭,萍水相逢便"一见如故",吃饭时却借机逃脱,还会从饭店带走比较贵重的财物,将付账的任务留给你。代亲友"接人"作案地点多在车站、港口,骗子看准那些出站后东张西望的旅客,以接站为名骗取信任,并乘旅客无防备时,提着行李趁机溜走。办公室"找人"的骗子则自称是办公室某个工作人员的熟人,在办公室内乱转寻找机会作案。

虽然各种骗术层出不穷,花招屡屡翻新,但"莫贪小便宜"、"天上不会掉馅饼"等警语,仍是最有效的防骗"格言"。只要大家增强防骗意识,坚决不贪意外之财,再"精明"的骗子也无法得逞。

另外,在与陌生人的接触交往中,要识别一些用虚构事实或隐瞒真相方法的诈骗行为,不要轻信别人的花言巧语,不要随意将自己的家庭住址、电话号码等情况告诉陌生人。如某校学生李某的父亲突然打电话给李某的辅导员,询问李某的伤情。辅导员在查证李某并未受伤的情况下,觉得李某的父亲打来的电话有蹊跷,赶忙告知李某与其父亲联系。原来,李某的父亲在家突然接到李某所在城市"某医院"打来的电话,称李某突遇车祸,收留至该医院进行抢救,要李某父亲汇一定的费用才能实行手术。李某父亲在关心儿子的健康的情况下,首先打电话询问学生辅导员,了解到事实的真相,才没有上当受骗。后来了解到,原来李某在一次上网找工作时将家庭联系方式公布在网上,被某些诈骗分子利用。幸亏该生父亲经常与辅导员联系,才能及时了解真相,才免于受骗。

2. 受骗之后怎么办

(1)立即向公安保卫部门报案。

(2)积极向公安保卫部门反映骗子的基本情况,提供破案线索,如身高、长相、衣着、口音、习惯动作、联络方式、住址以及受骗经过。

3. 如何预防手机短信诈骗

(1)当不能辨别短信的真假时,要在第一时间先拨打银行的查询电话。注意:不要先拨打短信中所留的电话!

(2)不要用手机回拨电话,最好找固定电话打回去。

(3)对于一些根本无法鉴别的陌生短信,最好的做法是不要管他。

(4)如果已经上当,请立即报案。

(5)不要回陌生短信——不相信、不贪婪、不回信,这是对付诈骗短信的绝招。

四、防抢劫

1. 遇到抢劫怎么办

抢劫是以暴力、胁迫或其他方法强行抢走财物的行为,对社会具有较大的危害性、骚扰性,如处理不当,往往转化为凶杀、伤害等恶性案件。

抢劫案一般多发生于黑夜或人烟稀少之处,如立交桥、地下通道、公共厕所、黑暗路段、门洞、茂盛的树林、花园、海滨公园等地。其形式有单人作案、结伙作案两种。

万一遭受到抢劫,首先不要惊慌,要克服畏惧、恐慌情绪,冷静分析自己所处环境,对比双方的力量,针对不同的情况,采取不同的对策。

(1)首先要想到尽力反抗。只要具备反抗的能力或时机有利就应利用身边的砖头、石块、木棒、铁棍等足以自卫的武器及时发动进攻。《刑法》明确规定,对正在实施抢劫、杀人、绑架、强奸、纵火、爆炸行为的人,公民可正当防卫,造成对方伤亡不追究其刑事责任。

(2)当已处于作案人的控制之下无法反抗时,可按作案人的要求交出部分财物,采用语言反抗法,理直气壮地对作案人进行说服教育,晓以利害,造成作案人心理上的恐慌,切不可一味求饶,要保持镇定或与作案人说笑,采用幽默的方式,表明自己已交出全部财物,并无反抗的意图,使作案人放松警惕,看准时机反抗或逃脱。

(3)采用间接反抗法:即趁其不注意时用藏存的手机发出求救信息或报警电话,在作案人身上留下暗记,如在其衣服上擦点泥土、血迹等;在其口袋中装点有标记的小物件;在作案人得逞后悄悄尾随其后,注意作案人的逃跑去向等,伺机报警抓获他们。

(4)要注意观察作案人。尽量准确地记下其特征,如身高、年龄、体态、发型、衣着、胡须、疤痕、语言、行为等特征,及其使用车辆的颜色、大小、型号、车牌号码。

(5)当有人在你背后跟踪时,你要注意这可能是坏人要对你下手的征兆,要立即改变方向,并不断地向背后察看,使跟踪你的人知道你已经发现他的企图;要朝有人有灯光的地方走,到商店、住户、机关等人多的地方寻求帮助;要记住跟踪你的那个人的特征,及时向公安部门报告。

(6)如果你遇到抢劫时,要胆大心细,勇敢机智,充分调动和团结身边的群众,同犯罪分子斗争。如果只有你一个人,力量不如犯罪分子大,则更要冷静,损失不大时就"丢卒保车"以保护生命为原则。要尽量记住犯罪分子的身体特征,及时向公安保卫部门报告。

(7)及时报案。作案人得逞后,可能继续寻找下一个抢劫目标,如能及时报案,准确描述作案人的特征,有利于公安保卫部门组织力量布控,抓获作案人。

2. 防抢劫措施

(1)遇有陌生人敲门,应问明身份情况再决定是否开门,不要让人以任何借口叫开房门而造成人身伤害或财产损失;

(2)外出旅行时,不要让人知道你携有贵重物品等,以防不测。

(3)到银行等机构存取钱款时,要有人陪护,以防抢劫。

五、勤工俭学中的安全

目前,许多中职生,或出于缓解经济压力,或出于增加社会实践能力等不同原因,加入了勤工俭学的行列。有的在学校图书馆当管理员,有的忙着当家教,有的到公司去打工。学生勤工助学的机会多了,随之而来的不安全因素也在增多。一些不法分子针对学生们经验少、求职心切的特点,对他们进行欺骗或其他伤害,甚至引发一些更大的悲剧。

如何保证打工学子的人身安全,如何营造一个安全可靠的勤工俭学环境,已成为目前迫切需要解决的问题。

1. 勤工俭学的内容

勤工俭学内容较庞杂,大致可分为校内、校外两大类。据调查,校内勤工助学岗位大体上有负责学校教学楼、校园、宿舍、食堂的清洁卫生和管理工作,或是负责宣传部、学生处或图书馆等部门的日常管理工作,也有的协助教师做一些辅助性工作,比如给一些有科研项目的教师做助手等。校外的勤工助学,包括参加某些产品促销、市场调研,或是家教、家政服务等。不少中职生把所学与所用结合起来,找到了一些与自己专业相关的工作,学外语的学生可以从事翻译的工作,学旅游管理的学生可以从事导游的工作等。他们有的通过老师、同学、朋友介绍或是自己找,也有通过相关部门介绍的,如中介机构、学校学生工作处或勤工俭学服务中心等,还有的经常留意校内贴出的各类兼职广告参与应聘,还有上网查找等等,接触到勤工俭学的途径多种多样。

2. 勤工俭学中的陷阱

社会上有形形色色的求职陷阱,涉世之初的学生稍不注意就会上当受骗。中职生利用业余时间打工已成为校园里的一个普遍现象,不少中介公司以此为"契机",抓住中职生社会经验不足的弱点,明目张胆地进行欺诈活动。

陷阱一:虚假信息。一些不规范的中介机构利用学生急于在假期打工的心理,夸大事实,无中生有,以"急招"的幌子引诱学生前来报名登记。一旦中介费到手,便将登记的学生搁置一边,或找几个关系单位让学生前去"应聘",其实只是做个样子。

陷阱二:预交押金。一些用人单位在招聘时,往往收取不同金额的抵押金,或要求学生将身份证、学生证作为抵押物。这类骗局通常在招聘广告上称有文秘、打字、公关等比较轻松的岗位,求职者只需交一定的保证金即可上班,但往往是学生交钱后,招聘单位推说职位暂时已满,要学生回家听消息,接下来便如石沉大海,押金自然也不会退还。

陷阱三:不付报酬。一些学生被个人或流动服务的公司雇用,讲好以月为单位领取工钱,但雇主往往在8月份找个借口拖延一下,而到9月份学校开学后就消失得无影无踪,这些学生白白辛苦一个假期。

陷阱四:临时苦工。一些学生只是想利用假期临时赚些"零花钱",因此对所从事工作的内容往往不太计较。个别企业正是利用了这一点,平日积攒下一些员工不愿从事的脏活、累活,待假期一到,找一些学生突击完成,然后给一点钱打发了事。

陷阱五:"高薪"招工。有些娱乐场用高薪来吸引学生从事所谓的"公关"工作,包括陪客人唱歌、喝茶,甚至从事不正当交易。年轻学生在这些场所打工,很容易受骗上当或自己误入歧途。

3. 工作中的安全隐患

(1)交通安全隐患。勤工助学的工作地点有的距学校较远,因此交通安全成为一大问题。交通安全前面已经讲解,此不赘述。

(2)中介的安全隐患。由于学生打工的人数越来越多,社会上也随之出现了各种各样的中介组织,这就难免会有一些只以营利为目的的非法中介鱼目混珠,这些中介组织工作来源往往很不可靠,不能给学生提供任何的安全保障,往往在收取学生费用后,便撒手不管,或了无踪迹。所以找工作一定要通过正规中介机构,谨防上当受骗,给自己人身造成伤害。

(3)工作过程中的安全隐患。在许多学生做校外兼职的过程中,侵权现象时有发生,比如用人单位不履行协议而让学生做约定外的工作,有些户外工作往往缺乏安全保障。这一隐患也主要是由于学生没有经过正规的中介组织或者是自行联系工作造成的。一旦自身权益受到侵害,往往处于孤立无援的弱势境地。

(4)谨防进入违法分子圈套。有些不法分子利用中职生涉世不深,看待问题过于简单的弱点,以各种优厚条件为诱饵骗取学生的信任,从而以学生作为其进行违法活动的工具,如非法传销组织或其他非法组织。而一些犯罪分子更是狡狯,以找家教或兼职为名,对学生实施抢劫或其他犯罪活动,所以,中职生勤工助学一定要三思而后行,保证自己的人身安全。

4. 预防措施

(1)防止中介的诈骗

有一些非法的中介机构,抓住中职生缺少社会经验又挣钱心切的心理,收取高额的中介费却不履行合同,给中职生找工作不及时。对于中介要看清中介是否有劳动部门颁发的《职业介绍许可证》或进行网上查询,了解其经营范围是否与执照相符(应看其执照正本),最好到有资质、信誉好的中介找工作,而不要去小中介。

(2)确认用工单位的合法性

对于自己满意的工作,在正式工作之前一定要确认用工单位是否具备法人资格,是否具备工商管理部门颁发的营业执照,是否拥有固定的营业场所。

(3)不轻易交纳任何押金

当用工单位以管理为名,收取一定数额的押金或保证金时要谨慎,以防缴纳后,被单位以各种名由扣留,不予返还。如果确实要交,应将费用的性质、返还时间等内容明确写入劳动协议,以免被随意克扣。

(4)防止陷入传销陷阱

本来是以销售人员的名义上岗工作,公司却让应聘者如法炮制去哄骗别人,有些同学在高回扣的诱惑之下,甚至不惜欺骗自己的同学、亲戚、老师和朋友。结果是骑虎难下,最终只得白搭上一笔钱,使自己的身心受到巨大的伤害。同时,通过同学或朋友介绍找工作的中职生,也要注意维护自己的合法权益,防止陷入传销陷阱。

(5)不抵押任何证件

当用工单位要求以学生本人的有关证件做抵押时,一定要拒绝,谨防证件流失到不法分子手中,成为非法活动的工具,证件的复印件也要谨慎使用。

(6)不到娱乐场所工作

娱乐场所鱼龙混杂,常常有不法分子出没。为保障人身安全,尽量不要到酒吧、歌舞厅这一类的娱乐场所工作。

(7)不做高危工作

有些工作危险系数高、劳动强度大,如建筑工地、机械零件加工等工作容易发生意外,学生身体容易受到伤害,尽量不要从事此类工作。

(8)要签订劳务协议

有些用工单位在学生工作结束时以各种理由克扣学生工资,侵害学生利益。中职生应在工作开始前与用工单位签订劳动协议,协议书一定要权责明确,如工资额度、发放时间、安全等关系到学生切身利益的方面一定要在协议中详细说明。

(9)女生不单独外出约见

有的女生自我保护和防范意识比较差,在对方约见时,不加考虑就去见面,有时会遇到危险。建议女生不要单独外出约见,尽量不要在夜间工作,如果可能的话,可以和同学结伴外出工作。

(10)防止网上欺骗

有的个人或者小公司在网上发布信息,要求应聘者通过电子邮件等方式工作,比如翻译、创作等。然而学生从网上把邮件、创意等内容发过去以后,就会被告之不能采用,其实他们已经利用了学生的信息或智力资源,但是在网上很难取证。

假期外出打工是勤工助学的有效途径,也是社会实践的形式之一,但需要中职生三思而后行,学会用法律的手段来保护自己的权益,真正达到既获取经济利益又锻炼能力的目的。根据劳动法,有下列情形之一的,用人单位应当按照下列标准支付高于劳动者正常工作时间工资的工资报酬:一是安排劳动者延长工作时间的,支付不低于工资的百分之一百五十的工资报酬;二是休息日安排劳动者工作又不能安排补休的,支付不低于工资的百分之二百的工资报酬;三是法定休假日安排劳动者工作的,支付不低于工资的百分之三百的工资报酬。

六、求职择业中的安全

在毕业生就业形势越来越严峻的今天,在大多数人将目光投向学生就业难的同时,也让我们把目光投向学生们的就业安全问题。

1. 个人资料安全

在一些招聘会上,人们经常可以看到一些求职者的简历被随意丢弃在地上。这些简历上面有详细的个人信息,这些信息可能会给求职者带来意想不到的麻烦。

信息时代,信息就是资源。事实上,形形色色的黑手已经伸向毕业生的求职简历。某职校毕业生小黄,自从两个月前参加一场招聘会后,手机上的垃圾短信明显增多,有做广告的,有拉他去搞推销的,还有一些色情服务信息。更可气的是他同班的一位女生,自从在某招聘会上投出简历后,便被婚姻介绍所盯上了,时常打电话骚扰,还有一些人打电话拉她去做陪聊服务,到夜总会唱歌、推销酒水等等。某职校一位就业指导老师告诉记者,现在一些不法分子四处收集个人简历,除了到招聘会上去捡,还可能花钱从一些不太规范的公司去买,他们把简历进行分类,然后提供给职业中介、婚姻中介、假证制造者、短信服务商、广告商们,接下来骚扰就源源不断了。

那么毕业生如何加强个人信息保密呢? 就业指导专家提醒毕业生:不要将个人的所有联系方式都提供给招聘单位,一般提供手机号码和电子邮件即可,至于固定电话,可以提供院系负责就业工作老师的办公电话,最好不要提供宿舍或者家庭电话;接到陌生人的电话,不要轻信其花言巧语,应拨打 114 进行核实,或者与老师同学一起分析商量;对于各种渠道特别是互联网上的招聘信息,一定要慎重核实,不要轻易填写过于详实的个人信息。另外,不要采取“天女散花”的求职方式,对自己不信任的、不规范的公司不要随便递简历。

2. 就业安全警示

(1)参加政府人事部门、劳动部门或学校举办的正规人才市场;

(2)网上求职要注意登陆的网站是政府人事、劳动部门举办的,或者正规的企业网站;

(3)不要轻信街头路边的小广告或口头招聘广告;

(4)如要到中介机构求职,一定要核准中介机构的营业执照、信誉等资质条件;

(5)如有来学校招聘的单位广告,一定要有学校就业中心审核并加盖公章,来人招聘应有就业指导中心老师的参与;

(6)谨慎处理个人的信息,并保持同家人和学校联系。

七、防性骚扰与性侵犯

1. 什么是性骚扰与性侵犯

一般认为,只要是一方通过语言的或形体的有关性内容的侵犯或暗示,从而给另一方造成心理上的反感、压抑和恐慌的都可构成性骚扰。性侵害,主要是指在性方面造成的对受害人的伤害。性骚扰和性侵害是危害中职生身心健康的主要问题之一。由于两性的社会地位和角色不同,相对而言,性骚扰和性侵害的对象常以女性为多。因此,女学生了解一些性侵害和性骚扰的基本情况,掌握一些基本对付方法是非常必要的。

2. 常见的性侵害形式

(1)暴力式侵害,即直接采取暴力威胁手段侵害女学生。

(2)流氓滋扰式侵害,如语言调戏,推拉摸撞占便宜,做下流动作等。

(3)胁迫式侵害,即利用受害人有求于己或抓住受害人的个人隐私进行要挟、胁迫,使女生就范。

(4)社交性强奸,即受害人的相识者,利用或创造机会把正常的社交引向性犯罪,受害人往往出于各种顾虑不敢揭发。

女生可采取以下措施预防社交性强奸:不要轻易相信新结识的异性朋友;控制好感情,不要在交往中表现轻浮;控制约会的环境;不要过量饮酒;不要接受比较贵重的馈赠;对过分的举动要明确表明自己的反对态度。

3. 哪些女生易受性侵害

(1)长相漂亮,打扮入时者;
(2)文静懦弱,胆小怕事者;
(3)作风轻浮,有性过错者;
(4)身处险境,孤立无援者;
(5)体质衰弱,无力自卫者;
(6)怀有隐私,易被要挟者;
(7)不加选择,乱交朋友者;
(8)贪图钱财,追求享受者;
(9)意志薄弱,难拒诱惑者;
(10)精神空虚,无视法纪者。

4. 校园内夏季性侵害案件多

主要由于夏季为性侵害案件提供了较为有利的气候条件和客观环境。

(1)夏季炎热,女生夜生活时间延长,外出机会增多。

(2)夏季不似冬季寒冷,案犯容易找到作案场所。

(3)夏季绿树成荫,案犯作案后易于藏身和逃离。

(4)夏季女生衣衫单薄,裸露较多,曲线毕露,对异性刺激增多。

5. 女生集体宿舍如何注意安全

(1)经常进行安全检查。如发现门窗损坏,及时报告学校有关部门修理。

(2)就寝前要关好门窗,在天热时也不例外。防止犯罪分子趁自己熟睡时作案。

(3)夜间上厕所,要格外小心。如厕所照明设备损坏,应带上手电筒,上厕所前应仔细查看一下。

(4)中午或夜间如有人敲门,要问清是谁再开门。如发现有人想捅门、撬门进来,室内同学要大声呼救,并做好齐心协力反抗的准备。

(5)周末或节假日,其他同学回家或外出,最好不要独自一人住宿。回宿舍就寝时,要留心门窗是否敞开,防止有犯罪分子潜伏伺机作案,如遇异常情况,可请一两位同学同时去,以确保安全。

(6)无论一人或多人在宿舍,当犯罪分子来侵害时,要保持冷静的态度,做到临危不惧,遇事不乱。一方面呼救,一方面同犯罪分子做坚决斗争。

6. 女生夜间行路如何注意安全

(1)保持警惕。如果在校园内行走,要走灯光明亮、来往行人较多的大道。对于路边黑暗处要有戒备,最好结伴而行,不要单独行走。如果走校外陌生道路,要选择有路灯和行人较多的路线。

(2)陌生男人问路,不要带路。向陌生男人问路,不要让对方带路。

(3)不要穿过分暴露的衣衫和裙子,防止产生性诱惑,不要穿行动不便的高跟鞋。

(4)不要搭乘陌生人的机动车、人力车或自行车,防止落入坏人的圈套。

(5)遇到不怀好意的男人挑逗,要及时斥责,表现出自己应有的自信与刚强。如果碰上坏人,首先要高声呼救,切莫紧张,要保持冷静,利用随身携带的物品,或就地取材进行有效反抗,还可采取周旋,拖延时间等办法等待救援。

(6)一旦不幸受侵害,不要丧失信心。要振作精神,鼓起勇气同犯罪分子做斗争。要尽量记住犯罪分子的外貌特征。如身高、相貌、体型、口音、服饰以及特殊标记等。要及时向公安机关报告,并提供证据和线索,协助公安部门侦查破案。

7. 男生也要防性骚扰

过去,我们会认为,女孩最需要保护。父母总是对自己的女儿呵护备至,而对男孩则马虎得多,但越来越多的事例证明,男孩同样也需要保护,特别是一些女的侵犯男的事件曝光后,这一话题更受到广泛关注。而且,我们要知道,男孩虽然不说,但他们的青春期困惑一点也不比女孩少。对男孩的保护同样重要,男孩也需要关怀。

男孩受到性骚扰很大程度上来自于教育者的忽视。比如,在青春期教育中,他们很少受到这方面的提醒。家长防范意识较弱,对孩子晚归或在外过夜很少过问。另外,男孩由于性格原因,不像女孩子那样有什么事爱和妈妈说,他们一般不表露自己的内心感受,遇到问题更是隐忍不发。

男孩子不说,是不是他们遇到的青春期问题就少呢?"当然不是!"据相关医院透露:他们收到的咨询信90%都是来自男孩子。

因此,对男孩的保护同样不容忽视。家长和老师首先要进行以科学为基础的青春期性知识教育、道德教育。同时,提高防卫意识,躲避那些有性侵犯倾向的人,而这些人的一般特征是:要求和你单独在一起,动手动脚。

八、拒绝毒品

1. 什么是毒品

毒品是指鸦片、海洛因、冰毒、吗啡、大麻、可卡因以及其他能够使人形成瘾癖的麻醉药品和精神药品,也包括近年来在美国等国家流行起来的迷幻药。国际上通常把毒品分为九大类,其中对人体危害最大的有鸦片类、可卡因类和大麻类,可卡因类被称为"百毒之王"。

目前,世界上有四大"毒窟",分别是位于东南亚的老挝、泰国、缅甸三国接壤地区的"金三角";位于中、西亚的阿富汗、巴基斯坦、伊朗三国接壤地区的"金新月";位于南美洲哥伦比亚的"银三角"和黎巴嫩的"第四产地"。

毒品具有以下的共同特征:一是有一种不可抗拒的力量强制性地使吸食者连续使用该药,并且不择手段地去获得它;二是连续使用有加大剂量的趋势;三是对该药产生精神依赖性及躯体依赖性,断药后产生戒断症状;四是对个人、家庭、社会都会产生危害性结果。

吸毒的高危人群是指容易沾染毒品的重点人群。在我国,容易沾染毒品的重点人群,从年龄来分,以青少年为主;从职业来分,以无业人员、个体户和流动人口居多;从层次来分,文化素质低的占多数。从理论上讲,任何人都有可能成为吸毒者,在现实中高危人群更容易沾染上毒品。因此,加强面向高危人群的禁毒预防和宣传教育,是开展禁毒工作的重点,也是禁毒工作的重要措施之一。

2. 青少年要远离毒品

从公安部门最近的数据可以看出。2003 年我国内地累计登记在册的吸毒人员已达到103 万人,其中 74% 吸用海洛因,同比上升了 11%。在吸毒人员总数中,35 岁以下的青少年占到 72.2% 以上。

青少年涉毒问题增多有多方面的原因:

一是目前毒品泛滥的大环境未能得到有效控制。据报导,2004 年我国警方共破获毒品犯罪案件 9.39 万起,抓获毒品犯罪嫌疑人 6.37 万名,缴获海洛因 9535 公斤、鸦片 905公斤、冰毒 5827 公斤,以及易制毒化学品 72 吨。一些毒品贩子利用青少年的好奇心理,采取多种手段引诱青少年上钩,致使染上毒瘾,难以戒断,有些被送进劳教所劳教。据北京某劳教所统计,吸毒的成因有 38% 是好奇,12% 是受亲友影响,26% 是精神空虚、追逐时髦,24% 是被引诱上钩。

二是社会、学校对毒品危害的宣传力度不够,政府有关部门采取的预防措施不力。毒品对青少年的引诱力是相当大的。当前一些不法分子往往采取在饮料、啤酒中放置冰毒或摇头丸的手段引诱青少年上钩。加上娱乐场所管理混乱,易为犯罪分子提供可乘之机。学校思想道德教育薄弱,社区工作发展极不平衡,一些单亲家庭的子女得不到亲情的关爱,因而造成青少年涉毒问题愈演愈烈。

三是受毒品暴利引诱,毒品犯罪分子猖獗。我国已处于毒品的四面包围之中。国内一些不法分子为牟取暴利,与境外贩毒分子勾结,致使毒品犯罪呈现职业化、扩展化、武装化、国际化的趋势。毒品滥用多样化和制、贩、吸毒一体化,加大了禁毒工作的难度。如广东警方破获贩运冰毒一年竟达五吨之多,可见毒品犯罪何等猖狂。毒品犯罪分子的手段之一是利用一些社会经验少、辨别能力差的青少年为他们走私贩运毒品,以他们年龄小,处于无刑事责任和只承担相对刑事责任及减轻刑事责任的年龄段,可以逃脱罪行为诱因,引诱他们参与犯罪活动。这样一来,一些青少年不仅仅自己成为毒品犯罪的受害者,同时也成为了毒品犯罪的"害人者"。

预防和减少青少年涉毒行为,进一步打击毒品犯罪,对于治国安邦,推进改革开放和现代化建设顺利进行,保障实现全面建设小康社会的宏伟目标,是一项既紧迫又艰巨,既重大又长远的任务,必须发挥社会整体功能,开展社会综合治理,方能取得成效。为此提出以下建议:

(1)认真贯彻《中华人民共和国未成年人保护法》和《中华人民共和国预防未成年人犯罪法》,动员社会各方面力量,调动社会各种积极因素,宣传毒品危害,杜绝毒品来源,组织青少年学法、知法、用法、守法,引导青少年远离毒品场所,严防毒品侵害,提高青少年抵御毒品的能力,要求青少年用社会主义道德风尚和精神文明约束自己。

(2)进一步发挥学校的教育功能,在学生中大力加强毒品危害教育,严格要求学生远离吸毒人群;对于吸毒的学生,一律按照校规严肃处理。决不能允许毒品流入学校。

(3)加大城市社区和农村居民委员会的禁毒工作力度。社区和居民委员会要关心青少年的成长,特别是对于单亲家庭的青少年,更要给予热情的关怀;法院在处理离婚案件时,要充分考虑未成年人的合法权益。对于失足于毒品的青少年,要建立吸毒档案,开展帮教工作,组织定期尿检,发挥社区矫正的功能。

(4)对于涉毒犯罪的青少年,要实行重教育、重感化、重挽救、轻惩罚的方针,尽可能少判、轻判、不判,少送监狱和劳动教养所,给予司法保护。实践证明,青少年犯罪送进监狱和劳动教养所后,易受服刑的惯犯和成年犯罪分子的影响,非但自身得不到改造,反而会学习一些新的犯罪手段,不如放在社区,通过社区帮教矫正,更有利于他们改掉恶习。对于已经戒毒的青年,社会要予以关心,帮助他们学会一技之长,政府要设法给他们安置就业。

(5)加大打击毒品犯罪的力度,在全社会营造良好的禁毒、防毒、拒毒氛围。

(6)政府应支持和帮助戒毒所、少管所、劳教所建立科学的戒毒模式和管理方式,培养戒毒方面的人才,鼓励和支持创办民间戒毒机构。医疗卫生部门应加快戒毒工作的理论和实践探索,尽快形成科学的戒毒理论和综合脱瘾方法体系,以便戒毒工作能够较快取得成效。

3. 构筑拒毒心理防线

职校阶段是人生成长的关键时期,对生活充满热情和憧憬,渴望拥有五彩斑斓的生活和精彩人生。在这个关键时期,如果尝试了第一口毒品,涉足了青少年不宜进入的场所……你的人生悲剧也许就会从此开始。要避免悲剧的发生,就必须构筑拒绝毒品的心理防线。

(1)正确对待挫折和困难

中职生在学习、生活中遇到考试成绩不尽人意、和朋友吵架分手、家庭生活遇到困难等都是正常的,要正确对待。遇到这类情况时,可以试着和父母、老师、同伴沟通,或者听听自己喜欢的音乐,参加自己喜欢的体育活动等,分散自己的注意力,排解烦恼,绝对不要用毒品来麻醉自己,逃避现实,回避困难。当别人用毒品来引诱你、安慰你时,一定要意志坚定,坚决拒绝。请相信:挫折和困难是暂时的,战胜挫折和困难是宝贵的人生财富。

(2)正确把握好奇心,抑制不良诱惑

好奇是中职生的共同特点,对于没有体验的东西,总有一种跃跃欲试的愿望,但是,一定要明辨是非,把握好奇心。面对毒品,一定要态度鲜明,千万不要心存侥幸,以好奇为由去尝试,自觉抑制不良诱惑,千万不要吸食第一口。

(3)牢记"四知道"

一要知道什么是毒品;

二要知道吸毒极易成瘾,难以戒除;

三要知道毒品的危害;

四要知道毒品违法犯罪要受到法律制裁。

九、案例警示

案例一

打着征婚交友的旗号进行诈骗

据南国都市报报道,打着征婚交友的旗号,三亚农民梁某不到两年先后通过婚姻介绍所、电视台、报纸征婚交友广告,骗取12名女子财物达337601元。经海口市龙华区检察院提起公诉,一审判处梁某有期徒刑14年。1998年4月,梁某因犯诈骗罪刑满释放后,瞄上了征婚交友。梁某先是化名梁程,在海口一家婚姻介绍所投寄了交友材料,第一个应征的是符某。在梁某花言巧语下,没几天,两人确立了恋爱关系。刚开始,梁某出手大方,一个多月后,梁某提出给她找工作让符某给一些"活动资金",没多久,又说做生意急需资金,将符某的积蓄8万元骗走。直到符某拿不出钱,梁某对符某爱理不理,后来没了音讯。

此后,他化名陈峰、陈金志、林镜峰等多次诈骗,先后骗取包括符某在内的12名女子的财物共337601元。

案例二

抢劫案

2010年10月20日晚6时左右,某校三名男生到鲁迅公园海边玩,8时许被三名歹徒持刀抢劫手机一部、工行牡丹卡等物。并用刀割伤一同学头部逼其说出卡密码抢劫1600元,另一同学机智的趁歹徒不注意用藏在裤兜内的手机向同学发出求救信息未果,又轻声发出求救电话,收话同学立即到派出所报案,带领民警赶赴现场搜索,并在工行自动取款机处将歹徒抓获。

案例三

我儿子因勤工俭学而死

在广西南宁市南棉小区一套简陋的两居室内,黄莲芬含泪向记者讲述了刚刚发生在她家的一出悲剧,她的身后是她22岁儿子李镇宁的灵位。

李镇宁是广西民族学院英语专业四年级学生,10月27日,他从女朋友那里得到了一个聘请家教的信息,晚上就赶到南宁市五象广场与对方见面。但这一去就再也没有回来。

黄莲芬回忆道:"10 月 28 日下午,我接到了一个电话,对方准确说出了我儿子的学校和出生年月,并告诉我李镇宁现在在他手上,要我在第二天中午之前向农业银行的两个账户上打进 3 万元,不然就要杀害我儿子。我意识到儿子被绑架了,马上到派出所报了案。"

后来查明绑架者是一个医生,但李镇宁在被绑架当天就已被杀害了。

黄莲芬说:"我家的经济条件非常不好,李镇宁的爸爸在小区做门卫,每个月只有 300 元的工资,我下岗后给别人做临时工,每月也就几百元,家里连烧蜂窝煤都要节省着烧。李镇宁从小就很懂事,他知道家里穷,从不随便向家里要钱。他一上大学就打工挣钱,做过家教和翻译,没想到他竟然会因勤工俭学而死。"她十分伤感地说,"我现在还不明白,绑架者为什么会盯上一个贫困的学生。"

李镇宁为勤工俭学付出了生命的代价,他的死也给了这个贫困的家庭以致命的打击:李镇宁的奶奶听到死讯当时就昏死过去;母亲黄莲芬整日看着儿子的遗像发呆。

案例四

求职被骗案

一位毕业生一心想留在学校所在城市工作。经多方寻找门路,终于托关系找到一个"能量"很大的"电脑公司经理"。该经理表示一定帮忙使该生留城就业,但提出要 5000 元现金作为活动费和"好处费"。该生未加思索就如数付出了。随着一次又一次招聘会的结束,许多同学的工作协议已经签订,而他的工作仍然杳无音信,心理不免开始担忧,于是找"经理"了解情况。"经理"说上次的好处费不够,还要追加 5000 元。于是该毕业生又火急火燎地到处筹钱。班长知道了此事,立即向学校学生工作主管部门和保卫部门报告了情况。经查,"电脑公司经理"原来是个刑满释放人员,所谓帮助找工作,纯属诈骗伎俩。

思考题

1. 如何防止自行车被盗?
2. 为防止性侵犯,女同学应当注意哪些事项?
3. 发生抢劫后该如何处理?
4. 如何远离毒品?

第七章　网络安全

达标要求：了解网络的双刃剑特性，合理地充分利用网络，不沉溺于网络，防止自己从事网络犯罪，学会如何防范计算机病毒和黑客的攻击。

一、网络的两面性

自从世界上第一台计算机诞生以来，计算机技术的发展突飞猛进。20 世纪 60 年代，美国国防部高级研究工程局决定开发一套新型计算机网络，以防止因一台计算机遭受攻击而使整个网络瘫痪，这便是 Internet 的前身 ARPANET。随着科学技术的飞速发展，这个简单的网络程序和结构原型，摇身一变成了被人们叫做 Internet 的"怪物"，它正以飞快的速度改变着人类的生活。近年来，网络以其惊人的速度成为继报刊、广播、电视之后，一种极具生机和活力的大众传播媒介。

网络世界是一个融现实和虚拟于一体的世界。它丰富多彩，融国际性、开放性、自治性、交叉性、交互性等特点于一身，为处于知识学习增长阶段的职业学校的学生发展提供了极大的便利。网络为学生吸收知识提供了巨大的知识储备库，使他们可以在知识的海洋里自由地翱翔；网络打破了地区、国界的限制，使得他们可以更广泛地接触和交往世界各地的青年朋友；网络满足了青年对灿烂生活的美好设想，把他们带入一个梦幻、神奇的世界。

事物的发展有利也有弊，网络深深吸引着中职生的同时，也给我们带来了一系列的新问题，例如，如何合理运用网络并做到不沉溺于网络，如何防范计算机病毒和黑客的攻击以及防止中职生通过网络进行犯罪违法活动等等。我们清醒地认识到，加强中职生的网络安全教育已经成为一个刻不容缓的问题。

网络是一把双刃剑。对于善于利用者，网络能给我们带来巨大的方便，可以帮助我们增长知识，提高技能，更好、更快地适应社会；但是对于另外一些人，不合理地使用网络则可能妨碍他们的学习和生活，甚至可能成为他们人生发展道路上的一个障碍。在校的中职生，要正确使用网络，且不可沉溺于网络游戏不能自拔，致使自己的学习成绩直线下降。理性使用网络，合理安排学习和生活应该成为当前校园安全教育的重要一环。因此，加强职业学校学生的网络安全教育，提高职业学校学生的网络安全意识和防范技能，应该成为我们职业学校教育的一个重要内容。

网络给青年学生带来的负面影响已经引起了社会各界的广泛关注。2001 年 1 月，江泽民同志在与出席全国宣传部长会议的同志座谈时又特别强调，要高度重视互联网的舆论宣传，要积极发展，充分利用，加强管理，趋利避害，使网络成为"思想政治工作的新阵地，对外宣传工作的新渠道"。社会各界也强烈要求国家加强对网络的管理。某项网站调查的结果表明，77.18％的用户支持国家和政府对网络的指导和管理，以创造一个良性的网络环境，只有 5.38％的用户持反对意见，充分反映了广大人民群众对网络治理的理解和支持。

二、合理运用网络

上网选课、查资料；在线聊天、网游……在如今的校园里，如果你不会用电脑，没有上过网，那无疑会被认为是落伍了。网络这个虚拟而又现实的大网，已经结结实实地"网"住了青年学子的心，成为如今职业院校学生学习和娱乐不可或缺的重要工具。

但是，网络在为职业院校学生打开一扇便利之门的同时，也让不少学生陷入"网瘾"的深渊，众多家长和老师因此伤心、焦虑。"寒窗苦读二十载，一朝却被网络害"成了许多因沉溺网络而葬送学业的职业院校学生的真实写照。下面让我们来看一看发生在某些院校学生们身上惊心动魄而又真实的故事吧。

1. 中职生溺网的表现——网络综合症

美国的一份调查研究报告表明，全球十亿网民中，有近 5000 万人患有不同程度的"网络综合症"。"网络综合症"又名"互联网络成瘾综合症"，有人称之为"网瘾"、"溺网"。它是人们由于沉迷于网络而引发的各种生理心理障碍的总称。在医学临床上称为"网络成瘾综合症（IAD：Internet Addiction Disorder）"，这是新近出现的疾病之一。不久前，美国心理学会冠以"病态使用因特网"的疾病名称，简称 PIU，并且宣布其为心理疾病之一。

"网络综合症"患者的主要表现就是在上网时失控，上网时间不断延长，早上起床后有一种立即上网操作的渴望；有关网络上的情况反复出现在梦中或想象中，沉湎于网上的自由说谈或网络互动游戏不能自拔，无意与正常人沟通，忽视现实生活的存在，并会出现孤独、忧伤、睡眠障碍、食欲下降、思维迟缓、精力不足等现象。不上网就出现断绝症状（withdrawal symptoms），如心慌、心跳加剧、手发冷发热，情绪烦躁不安等，学习、工作、生活能力明显下降。

美国匹兹堡大学的心理学讲师金伯利·S·扬提出了诊断是否患有"网络综合症"的十条标准：

①网后总是念念不忘网事；

②无法控制上网时间；

③嫌上网的时间太少而不满足；

④一旦减少上网时间就会焦躁不安；

⑤一上网就能消散种种不愉快；

⑥认为上网比上学做功课更重要；

⑦为上网宁愿失去重要的人际交往和工作，甚至事业；

⑧不惜支付巨额上网费;

⑨对亲友掩盖频频上网的行为;

⑩下网后有疏离、失落感。

一年间只要有过四种以上上述情况,就可以认为患有此病。

不仅在外国,互联网迅速发展的中国,也出现了愈来愈多的"网络综合症"患者,特别是处于生长发育期的中职生,好奇心强,自控能力差,陷入网络不能自拔者甚多。网络不仅成为中职生学习和娱乐不可或缺的工具,还带来越来越多的"网络瘾君子"。白天在宿舍睡觉,晚上去网吧上网;饭可以不吃,但网不能不上;一天不玩就心里痒痒,像丢了魂儿似的。

一项调查显示,在广州市五所职校 1586 名上网学生中,患"网络综合征"者占 6.34%。根据我国台湾地区《淡江时报》针对上网学生做的调查显示,有高达 40% 的学生每天上网时间超过 15 个小时,超过了正常的上课时间,越来越多的学生因为整天沉湎于网络而造成学业荒废甚至辍学。

溺网不仅给中职生造成心理伤害,而且会对身体造成的极大损害。有研究表明,长时间沉溺于网络之中会使大脑中一种名叫多巴胺的化学物质水平升高,这种化学物质会令患者呈现短时间的高度兴奋,陷入网络中的虚拟世界而不能自拔,但当离开网络之后,上网者的颓废感和沮丧感却更为严重,对周围的世界怀有一种陌生感和恐惧感。时间一长,就会带来一系列复杂的生理变化,甚至可能危及生命安全。

2. 中职生溺网的原因

面对越来越多的中职生溺网者,人们陷入了沉思:是什么原因使得那么多阳光灿烂的青年学子陷入网络深渊而不能自拔呢? 马克思主义辩证发展的哲学观点告诉我们,事物的产生和发展是由内因和外因两个方面共同作用的结果。中职生之所以流连忘返于网络之中,既有网络上不良内容的诱惑,也有青年学生生理、心理上的原因,还有家庭、社会外部环境的影响。

(1)网络不良内容的诱惑

网络犹如一把双刃剑,在方便中职生与外界交流和沟通的同时,也难免会把网上的一些不良内容带给他们。这其中,网上的暴力、色情以及其他不良内容对中职生的危害最大。有相当一部分溺网或者触犯法律的中职生就是因为受网上不良内容的影响而造成的。据调查,因特网上非学术信息中涉及色情的占到47%,60%的青少年学生曾经有意无意接触到色情内容,在接触过网上色情内容的青少年学生中,其中有90%的学生曾经有过性犯罪的动机或行为。根据对北京五所高校的调查,被调查学生中9.8%的曾经在网上查阅色情图片或信息,98.6%的曾经获得机密和他人的信息,5.4%的人曾发布不健康的信息。

网络是一个开放的世界。作为20世纪西方社会的舶来品,互联网在带来先进的科学技术和新的经济发展时机的同时,也带来了迥异于我国传统民族文化的西方异质文化。互联网产生于美国,所使用的语言技术都来自于美国,网民自觉或不自觉地都在接受美国文化的影响。美国通过国际互联网向全世界各地持续不断地推销自己的价值标准、意识形态和社会文化,对各个不同的国家和地区进行政治、经济、文化和意识形态等各个方面的渗透。同时,我国现在正处于社会发展的重要转型期,由于各种思潮、理论和观念的影响,人们的价值观、世界观并不统一。面对互联网上铺天盖地、良莠不齐的信息,正处于生理和心理成长期的当代职业院校学生很难正确甄别和使用,网上的不良信息有时难免会迷惑住我们的中职生。

网络还是一个"平等"、"自由"的世界。当代中国是一个不断走向民主、自由和科学的中国,对世界怀有美好梦想的职业院校学生崇尚民主、自由和平等。网络世界的虚拟性恰恰满足了青年学生的追求。"在Internet上,没有人知道你是一条狗还是一个人。"这就是网上的新规则。现实世界中的"少数服从多数"、"领导说了算"等生活规则在网上并不起作用。网络中的每一个成员,都可以最大限度地参与信息的制造、传播。网络空间好像是没有警察的社区,这里是一个自由、平等的世界。网络中的每一成员都可以平等地共享这些无限的信息量。当代职业院校学生具有很强的活力和求新性,他们试图摆脱束缚,任意驰骋,发展自己的个性,互联网正好提供了这样一个空间,因而受到中职生的极大欢迎。

(2)中职生的生理、心理特点

处于青春期的中职生体能充沛,精力旺盛。特别是一下子从原来繁忙紧张的初三生活进入职业学校,学习的压力不如原来那么大了,耳边也少了父母老师的许多"啰唆",多余的精力往往无处发泄。上网则可以帮助他们打发时间,满足自己生理上和心理上的需要。中职生小谢说:"上网可以使我平静,不上网时我感觉自己无所事事,精神不振。"

此外,大多数的中职生正处于身体的发育期,虽然初中时学校已经开设了生理卫生课程,但由于升学的压力和老师、学校的忽视,青年学生对性知识的了解很不够。一方面他们渴望获求这方面的知识,同时传统观念的影响又使得他们"欲知还羞"。通过网络这个可以把自己隐藏很好的平台去了解性知识则是一个方便的途径。但是通过调查却发现,大多数中职生获取性知识的网站并不是一些正规的健康网站,而是非法的色情网站。在对近3000名职业院校学生进行的随机调查中,承认曾经光顾色情网站的占46%。据国内某机构进行的一份社会调查显示,有34.6%的青年学生公开承认曾经浏览过色情网站。

中职生虽然还没有真正踏入社会,但是一只脚已经迈过社会的门槛。他们对社会上的各种事物怀有很强的好奇心和求知欲,乐于探求未知的东西。同时,由于十六七岁的中职生的世界观、人生观尚未形成,独立自主的行为能力还不具备,他们的辨别能力和自我控制能力较差。网上的信息鱼龙混杂、良莠不齐,一些非法的暴力、色情、迷信等内容往往容易使青年学子陷入其中不能自拔。

经过研究,科学家认为,每个人都具有潜意识和显意识,前者制造了本我,后者则制造了自我。当一个人的潜意识长时间受到抑制,不能在生活中自由表达时,往往会产生各种疾病。因此,人的潜意识需要在一定的时间和空间内得到表达。研究表明,患有"网络综合症"者往往是一些在现实生活中自我表达不流畅的人。一项对某校学生使用 BBS 的心理调查显示:越是在公开场合不敢发表自己意见的学生,越会利用 BBS 的匿名性而大胆发表意见;越是在现实生活中人际关系搞不好的学生,越有可能成为虚拟世界的交际高手。网络的虚拟性、超时空性、低责任性提供了宣泄压抑的潜意识的良好条件。

中职生年轻好胜,不服输。争强好胜是每一个年轻人的天性,合理的引导可以把好胜心转变成学习和工作的巨大动力而获得事业上的成功。相反,无理性、无理智的"好斗"则可能毁掉自己的美好前程。网络上的一些游戏设计恰恰就是利用青年人不服输的心理和性格特征而使得他们深陷其中的。

(3)家庭、社会环境的外部影响

现代社会是一个价值观和世界观多元发展和并存的社会。现实生活中往往存在较多的不如意,例如经济的困顿、学业的压力、朋友的冷漠、家庭的离散等等。面对上述这些问题,刚刚进入青年期的职业院校学生往往无所适从、不知所措。他们缺乏对这些问题的正确认识和了解,当没有合理的引导和帮助时,他们可能会采取逃避的态度,把上网作为逃避现实生活问题或消极情绪,或者追求超现实满足的工具。

3. 中职生溺网的预防和治疗

利和弊历来是一对孪生兄弟,在网络飞速发展的今天,不充分利用网络资源是固步自封、缺乏远见的表现。但是,忽视网络的负面影响也是万万不可的。因此,我们要用发展和辩证的眼光看待问题,我们既不能因为网络的一些负面影响,就否定网络的积极作用,把我们隔离在网络之外,截断我们的求知渠道,更不能对网络安全视而不见,放任自流。

溺网者中以未成年人居多,由于身心发育未全,自控能力差,他们往往成为网络的牺牲品。未成年人沉迷网络已成为全社会共同关心的话题。各地政府和民间力量纷纷以不同形式挽救溺网少年,全国"两会"上,有不少代表提出,要帮助沉迷网络的未成年人"戒瘾"。一些代表还建议在《未成年人保护法》中增加未成年人网络保护内容;一些代表建议单独制定《未成年人网络保护法》,明确国家、社会、家庭、学校的法律责任;另外一些代表提出了关于制定"网络犯罪控制法"的议案,建议建立安全有效的网络交易制度,消除虚假网络广告的危害等。

具体到我们中职生,我们认为中职生溺网并不可怕,只要我们依靠科学,合理应对,溺网是可以逐渐消除的。一般而言,溺网者经过心理和生理的调试都能恢复过来。

要想戒除网瘾并康复,最终要靠患者的个人努力。"没有人可以拯救你,除了你自己"。戒除网瘾,首先要让患者承认并正视这个问题,这是矫正网瘾的难点。与药物成瘾相类似,必须要成瘾者认清成瘾行为的危害,从而主动寻找帮助,这是关键的一步。

首先,要提高认识,正确认识网络。一旦你对令你着迷的网络使用所带来的负面后果有清醒的认识,你就会更主动地来约束自己过度上网的习惯。网上有一句流行的话语:"网络是魔鬼,又是天使",只有合理控制自己的上网,才能做到网络为我所用,而不是成为网络的奴隶。

其次,要坚信自己能够战胜网瘾。战胜网瘾的重要一点就是必须坚信自己能够战胜它,能够依靠自己的努力,借助合理的方法而戒除。如果没有充足的信心,就容易忍受不了刚开始戒除时的痛苦,破罐子破摔,半途而废。只有克服自己心理上的障碍,持之以恒,才能够取得最后的胜利。当然,戒除网瘾的过程也不是一个简单的过程,我们应该充分认识它的难度和反复性。戒瘾是一个痛苦的过程,是一个对自己的生理和心理的挑战过程。只要充满信心,胸怀大志,奋力为之,相信我们这些面向二十一世纪的中职生是能够取得成功的。

再次,正视自己,转换角色。假如你原本有心理或精神疾病,或者是出于宣泄而患上网瘾的话,你可以尝试以下做法:(1)向心理医生咨询,接受必要的治疗,也可以服用抗抑郁药,或结合精神疗法进行综合治疗。(2)不要试图逃避问题。正确看待自己的孤独与烦恼,不要在网上解愁,因为网上消愁愁更愁。努力找出问题的根源,积极想办法解决。(3)转换角色。网络中的虚拟世界不等于现实世界,应该合理将二者区别开来。同时,不要把网上行为带到现实生活中来。

最后,要树立正确的人生观和世界观。一个怀抱远大理想,有着正确人生观和世界观的青年学子是不会沉迷于网络中的。正确、健康的人生观和世界观有助于我们理性控制自己的行为,自觉为祖国、社会和家庭的发展考虑,做一个有责任心的中职生。

在具体的做法上,我们可以考虑以下方法:

①通过订立日程计划和网络行为准则,严格控制上网时间。强制自己遵循计划、遵守准则,同时可以接受家人、朋友、同学的监督。上网最难把握的就是时间,不管是患者还是一般的上网者,在网上的时间总在不知不觉中流淌、消失,网上时间仿佛是静止的,你无从觉察到时间的流逝。特别是成瘾者上网以后几乎没有时间观念。因而,控制上网的时间应该是行之有效的办法。但是要真正限制成瘾者的时间又是一件非常不容易的事。控制上网时间包含两方面的含义:一方面是指上网时间的绝对减少,例如可以通过逐天减少上网时间的方法,使自己心理上逐渐习惯于疏离网络,并最终戒除网瘾;另一方面则不是指单纯地控制上网的时间,而是要通过其他活动打乱网瘾者惯常的网络时间表,从而使其适应一种新的时间模式,并最终戒除网瘾,即通过提高个体的自我效能感和给予适当的支持,帮助其建立一种积极的应对策略以取代消极的成瘾行为。

对于一般的溺网者,通过逐渐减少上网时间的方法可以帮助其戒除网瘾。但是对于严重者,仅仅依靠网瘾者自己的力量,往往很难成功。此时需要老师、学校、家庭和社会各方面的共同努力。网瘾者在控制自己上网时间时,要自觉接受家人、朋友、同学的监督。长此以往,必能成功戒瘾。

②转移兴趣。医学上有一种医疗方法叫做"情绪转移法",即通过转移患者兴奋点的方法,来改变其生理和心理活动的规律,并最终消除某些不良的心理习惯。现实生活中可以转移自己情绪的活动很多,如积极参加学校组织的各种文化活动、听音乐、参加各种体育运动等。中职生可以根据自己的兴趣爱好来选择,将情绪转移到这些活动上来,尽量避免不

良情绪的强烈撞击,减少心理创伤,也有利于情绪的及时稳定。积极参加体育运动或其他社会活动,多做一些自己感兴趣的并且有益身心的活动。试想,网络再有趣,终日泡在其中,也会变得无趣。

③接受或寻求别人的帮助。正处于身心发育期的中职生自控能力较差,单靠个人的力量往往很难取得戒除网瘾的成功。此时我们应该消除顾虑,以开放、乐观、向上的态度积极接受或寻求别人的帮助。我们的帮助者既可以是和我们朝夕相处的家人、朋友、老师和同学,必要时,也可以找心理医生进行治疗。

④注意饮食方式和卫生习惯。多吃一些胡萝卜、豆芽、鸡蛋、瘦肉、动物肝脏等富含维生素 A 和蛋白质的食物,经常喝些绿茶。上网时要注意保护眼睛,经常远眺、眨眼、闭目静休,多做眼保健操等这些都有益于电脑操作者的健康。健康的身体有利于我们和网瘾打一场战争。

作为中职生,可以结合自己的实际,控制上网时间和方式,相信经过一段时间的努力,是完全有可能逐渐康复的。网瘾者走出网络的小天地,自可拥有世界的大舞台。作为 21 世纪的中职生,我们身上肩负着中华民族复兴的未来和希望。一个胸怀远大、放眼世界的中职生一定能够克服各种困难,戒除网瘾,把精力投入到学习中,形成文明、健康的生活方式。

三、网络犯罪

网络犯罪,简而言之,就是以互联网作为工具实施的犯罪行为,包括由于网络所产生的新型犯罪以及利用互联网络作为犯罪工具从事的传统刑法所规定的普通犯罪。

中职生网络犯罪已经成为职业院校学生犯罪新的增长趋向。网络犯罪不仅破坏了网络本身,更严重的是,网络作为一个强大的信息产生和传播途径,其发展将会直接影响到一个国家的政治、经济、文化等各个方面的正常秩序,甚至影响到我们中华民族未来的发展。

1. 中职生网络犯罪的具体表现

中职生网络犯罪的形式多样,表现不一。具体来说,主要有以下几种形式:

(1)网络暴力行为。中职生正处于青年期,年轻气盛,彼此之间往往因一点小事而发生摩擦,乃至大动肝火。近年来,通过网络作为媒介的暴力犯罪行为不时见诸报端。

(2)网络色情行为。中职生不但是网上色情信息的浏览群体,有的职业院校学生还开始在网上制作、传播、售卖色情信息的犯罪行为,由网上色情信息的受侵害者变成了侵害者。利用网络制作、传播甚至售卖色情信息是严重的违法行为;直接参与色情交易更是犯罪行为,对中职生的成长与发展危害极大,甚至有可能从根本上毁掉一个学生的一生。我们要加强个人思想品德修养,增强遵纪守法意识,提高对社会、对公众的责任感,用学到的知识和本领回报国家,回报社会,回报父母。

(3)网络诈骗行为。随着职业院校学生勤工俭学的机会越来越多,很多职业院校学生都想在经济上实现独立,减轻家庭负担,所以快速致富的念头经常在脑海中闪现。于是,有的学生铤而走险,利用网络进行犯罪,以求速富。

(4)网络勒索行为。互联网正以前所未有的速度介入中职生的现实生活。与此同时,一些学生犯罪案件,也在网络这个虚拟世界里上演。

(5)网上侵权行为。这类行为是指中职生出于不正当目的,利用因特网对他人的姓名、名誉进行恶意攻击、诋毁,或者公开他人的隐私,侵犯他人姓名权、名誉权、个人隐私权的违法犯罪行为。

(6)网上制作并传播病毒行为。它是指中职生以控制、破坏他人计算机为目的,恶意制造和传播病毒的行为。网上制作和传播病毒的行为不仅是一种触犯道德标准的行为,而且触犯了国家法律,为国家法律所不准。

(7)网上黑客网站行为。它是指中职生通过互联网络对国家军事部门、政府机关和公共服务体系等要害部门的计算机信息系统进行非法攻击和破坏的行为。这种行为的后果是扰乱社会和经济秩序,影响社会安定和政治稳定,甚至危及国家安全。

(8)网络盗窃行为。在网上盗用、篡改网络信息,以获得非法收入的网上盗窃行为。网上盗窃行为使公民和法人在网络上的隐私安全和财产受到了巨大的威胁。这是严重的违法行为,也是不道德行为,是要受到法律制裁的。

2. 中职生网络犯罪的特点

相对于其他类型的犯罪,中职生网络犯罪具有自己的特点:

(1)犯罪主体高智商、低龄化。计算机网络技术是一种高科技工具,在具体应用中需要高度的专业知识和技能。在我国的一些中职生网络犯罪案件中,犯罪者大多具有高智商、低龄化的特点。

(2)犯罪客体多样化。中职生网络犯罪所侵犯的客体多样化是从犯罪学角度考察的,既有国家安全、社会秩序、经济秩序,也有财产权利、人身权利、民主权利等。

(3)犯罪形式多样化。中职生网络犯罪的最初表现形式以黑客行为居多,主要表现为对计算机信息系统的危害方面。近年来,中职生网络犯罪逐渐向其他领域蔓延,如通过网络实施的侵犯他人财产权利及人身权利的犯罪增多,并逐渐表现为网络犯罪的主要形式。

(4)犯罪结果多元化。目前中职生犯罪既存在严重危害网络安全的犯罪,如破坏计算机信息系统犯罪、侵犯计算机资产犯罪,这些犯罪的社会危害性大,危害结果难以预料,也存在通过网络实施的侵犯公民个人权利的犯罪行为。

(5)犯罪低投入性。中职生网络犯罪是典型的低投入、高回报类型犯罪,它不仅在经济成本、心理成本上低投入、高回报,而且在法律成本上也是如此。因此,遏制和打击此类犯罪,需要付出比较高昂的反犯罪成本。

3. 中职生网络犯罪的预防和处理

中职生是祖国的未来和希望,能否处理好中职生网络犯罪问题的关系重大。预防中职生网络犯罪要将教育和管理结合起来,自律与他律结合起来,通过各种形式教育中职生增强上网的法律意识、责任意识、政治意识、自律意识和安全意识,培养健全人格和高尚情操,树立良好的网络道德,自觉远离网络犯罪,养成文明、健康、向上的生活方式。

(1)健全网络法制,用法律来规范、引导和保障中职生的行为。由于当前我国网络法律建设的滞后,大量网上行为存在法律"真空"。因此,为了预防和积极有效地处理中职生网络犯罪,我们要加强对网络犯罪的研究,尽快制定网络法规,完善网络法律体系,保证网络信息系统健康有序地发展。

(2)建立网络监管体系。目前,对网络实行监管必须采取政府行为,尽快建立网络信息监管的常设机构,来统一协调网上信息的监管工作。具体的工作主要由学校网络技术人员、公务人员或政府授权的其他人员来完成。学校网站的网络技术人员要通过积极有效的努力,对网上的中职生上网进行监管,形成一个完善的管理规章制度。

(3)倡导中职生网民进行自律。在网络空间中,直接的道德舆论评价难以进行,外在的道德约束力被弱化。因此,加强网络社会中个人的道德自律就显得尤为重要。我们职业院校的老师要教育和号召中职生做网络道德人。中职生应该用科学唯物论的观点分析问题,在论坛上发表言论时真实地表达自己的观点,要不违反国家法令,不违背社会公德,不散布反动的、迷信的、淫秽的内容,不散布谣言,不搞人身攻击;提倡网络文明用语,严格自律,不看色情的网络内容;自觉抵制任何利用计算机技术损害国家、社会和他人利益的行为,与不道德的行为做坚决的抗争;自觉增强知识产权意识,不盗用或抄袭他人的程序,不使用盗版软件。

(4)建设富有学校特色且竞争力强的中职生校园网站。建立中职生自己的网站首要因素就是要考虑如何吸引住中职生,没有点击率的网站是没有生命力的。职业院校学生网站页面设计应当更加灵活,内容更加贴近职业院校学生实际和职业院校学生思想实际,增加诸如学习、就业、交友、心理咨询、法律援助等中职生感兴趣的频道。在校园网络建设中,要大力开发适合于中职生自己的集思想性、知识性、娱乐性、易操作性于一体的健康文明的中文软件,以丰富中职生的课外生活,提高中职生的文化品位,把他们从犯罪的诱惑中拉出来。

四、防范计算机病毒与网络黑客

1. 计算机病毒和黑客的危害

计算机病毒是一组通过复制自身来感染其他软件的程序。当程序运行时,嵌入的病毒也随之运行并感染其他程序。一些病毒不带有恶意攻击性编码,但更多的病毒携带毒码,一旦被事先设定好的环境激发,即可感染和破坏。自80年代莫里斯编制的第一个"蠕虫"病毒程序至今,世界上已出现了多种不同类型的病毒。

黑客一词,源于英文 Hacker,原指热心于计算机技术、水平高超的电脑专家,尤其是程序设计人员。但到了今天,黑客一词已被用于泛指那些专门利用电脑搞破坏或恶作剧的家伙。对这些人的正确英文叫法是 Cracker,有人翻译成"骇客"。

计算机病毒和黑客是当前对网络安全危害最大,表现最明显的两大"杀手"。

据《今日美国》报道,黑客一年给美国民办信息网络带来的损失估计高达为100亿美元;2000年2月7日以来,黑客对美国八大网站大规模的攻击所带来的损失大约为12亿美元;据美国的 MISMANAGIZE 等市场调查公司的报告:在美国大约有60%的电脑曾遭受病毒的袭击,其中9%的病毒侵入损失都在10万美元以上。北京一家网络公司的一份市场调查报告表明,在国内大约有90%的网络用户遭到过病毒的侵害。美国总审计署的一份报告也指出:仅1995年就有25万人次企图渗透到美国军事计算机网络中去,而且65%获得成功。与国际互联网相连的中国网络中心95%受到过境内外黑客的攻击或侵入,其中网站、银行和证券机构是黑客攻击的重点,某些国家机关及新闻单位也在劫难逃。由此可以看出网络安全已经涉及经济、政治、文化、军事等各个领域,解决计算机网络安全问题已经刻不容缓。

世界各国都十分重视利用技术来保障计算机网络的安全,然而现在中职生的计算机安全技术知识还是不足,大多数人只是消极地、被动地应用一些抗病毒软件,这就使得许多技术手段缺乏实施的社会环境,也使得网上不法分子危害网络安全的行为屡屡得手,加剧了网络安全的隐患。因此加强计算机病毒防范和网上黑客的防范教育已成为中职生网络安全教育的重要内容之一。

2. 计算机病毒和黑客的防范

(1)计算机病毒的防范

计算机病毒防范,是指通过建立合理的计算机病毒防范体系和制度,及时发现计算机病毒侵入,并采取有效的手段阻止计算机病毒的传播和破坏,恢复受影响的计算机系统和数据。随着计算机在社会生活各个领域的广泛运用,计算机病毒攻击与防范技术也在不断拓展。面对无孔不入的病毒,人们很难预料它会在什么时候,从什么地方,以什么方式,借助电子邮件这个方便而迅速的工具,在系统的某个部位或是互联网的某个环节乘虚而入。因此,网络安全专家指出,针对病毒的这一特性,切实可行的方法是对系统本身、电子邮件用户以及电子邮件服务器进行全方位的保护,不忽略任何环节,这样才能将病毒给计算机带来的危害降低到最低限度。

中职生计算机用户应如何制定相应的系统防毒策略呢?为了正确选择、配置和维护病毒防护解决方案,必须对自己现有的网络及相关应用进行分析,利用防火墙进行访问控制和网络隔离等。此外,将数据区分为不同安全等级,采取相应的安全措施必不可少,如访问权限控制、加密存储、加密传输、备份与恢复等。还有两点应当注意:一是始终保持操作系统、WEB浏览器、电子邮件和应用程序的最新版本;二是定期审查主要软件供应商产品安全方面的情况,并且预订实用的电子通讯,以便了解新的安全缺陷以及解决方法。

随着电子邮件与办公程序套件应用的日益密切集成,单从电子邮件客户应用的角度来检验防毒措施的缺陷是不够的,必须充分保护用户所使用的整个计算机系统。对于我们中职生计算机用户来说,要有效防范病毒,必须提高警惕,加强防御。

①避免"玩笑"邮件的流传、交换。

②严禁运行来源不明的可执行文件,尤其是那些不明邮件附加的可执行程序。

③禁用预览窗口功能,因为某些病毒程序只需预览就能够执行。

④在打开邮件之前,用有效防毒软件进行扫描。因为所有的邮件都可能包含恶意代码,即使它们并没有附件记号。

⑤为了能抵御最新的病毒,防毒软件最好每天都能得到更新和维护,主要包括:技术支持服务(处理病毒相关问题或防毒软件的故障)、新病毒的紧急服务(在尽可能短的时间里清除病毒)、病毒警告服务 。

⑥用户不必打开所有类型的文件，因为并非所有的文件都是每天工作必需的，这有助于防范病毒的入侵。

⑦及时使用软件提供商发布的补丁程序，这可以减轻执行恶意代码所导致的后果。

目前，计算机病毒网络化的趋势越来越明显，国内外往往是同时发生疫情。用户一旦在不可预知的情况下遭受病毒感染、破坏，该如何处理？计算机病毒应急处理专家说，首先应及时升级杀毒软件，使用软盘引导系统，将系统中残留的病毒彻底消除，然后重新安装系统和防病毒软件，并将病毒防治产品的实时监控功能打开，防止再次感染。反病毒专家特别指出，虽然有关部门已经对一些病毒的出现和可能造成的危害反复做了预报，但仍有一些网站和部分用户遭受到病毒的侵袭，导致系统瘫痪、文件丢失。对付越来越多的邮件病毒，中职生计算机用户必须建立积极的预防意识。要避免日益增多的病毒困扰，最有效的办法就是使用杀毒软件的实时监控功能，及时升级，这样才能做到防患于未然。

（2）黑客攻击的防范和处理

黑客攻击是黑客自己开发或利用已有的工具寻找计算机系统和网络的缺陷和漏洞，并对这些缺陷实施攻击。黑客攻击行为危害了网络安全，轻者违反道德伦理规范，严重者甚至危及公共秩序的安宁和国家安全。

在计算机网络飞速发展的同时，黑客技术也日益高超，目前黑客能运用的攻击软件已有1000多种。从网络防御的角度讲，计算机黑客是一个挥之不去的梦魇。借助黑客工具软件，黑客可以有针对性地频频对敌方网络发动袭击令其瘫痪，多名黑客甚至可以借助同样的软件在不同的地点"集中火力"对一个或者多个网络发起攻击。而且，黑客们还可以把这些软件神不知鬼不觉地通过互联网安装到别人的电脑上，然后在主人根本不知道的情况下"借刀杀人"，以别人的电脑为平台对敌方网站发起攻击！

理论上开放系统都会有漏洞的，正是这些漏洞被一些拥有很高技术水平和超强耐性的黑客所利用。黑客们最常用的手段是获得超级用户口令，他们总是先分析目标系统正在运行哪些应用程序，目前可以获得哪些权限，有哪些漏洞可加以利用，并最终利用这些漏洞获取超级用户权限，再达到他们的目的。因此，对黑客攻击的防御，主要从访问控制技术、防火墙技术和信息加密技术入手。

①访问控制。访问控制是网络安全防范和保护的主要策略，它的主要任务是保证网络资源不被非法使用和非法访问。它也是维护网络系统安全、保护网络资源的重要手段。可以说是保证网络安全最重要的核心策略之一。访问控制技术主要包括入网访问控制、网络的权限控制、目录级安全控制、属性安全控制、网络服务器安全控制、网络监测和锁定控制、网络端口和节点的安全控制等七种。根据网络安全的等级，网络空间的环境不同，可灵活地设置访问控制的种类和数量。

②防火墙技术。古代建筑中人们常在寓所之间砌起一道砖墙，一旦火灾发生，它能够防止火势蔓延到别的寓所，这种墙因此而得名"防火墙"。现在，如果一个网络接到了Internet上，它的用户就可以访问外部世界并与之通信。但同时，外部世界也同样可以访问该网络并与之交互。为安全起见，可以在该网络和Internet之间插入一个中介系统，竖起一道安全屏障。这道屏障的作用是阻断来自外部通过网络对本网络的威胁和入侵，提供扼

守本网络的安全和审计的唯一关卡。这种中介系统也叫做"防火墙",或"防火墙系统"。

③信息加密技术。信息加密的目的是保护网内的数据、文件、口令和控制信息,保护网上传输的数据。网络加密常用的方法有链路加密、端点加密和节点加密三种。链路加密的目的是保护网络节点之间的链路信息安全;端点加密的目的是对源端用户到目的端用户的数据提供保护;节点加密的目的是对源节点到目的节点之间的传输链路提供保护。用户可根据网络情况酌情选择上述加密方式。信息加密过程是由形形色色的加密算法来具体实施,它是网络安全最有效的技术之一。一个加密网络,不但可以防止非授权用户的搭线窃听和入网,而且也是对付恶意软件的有效方法之一。

21世纪的地球将是一个全球化、信息化的世界,网络安全对于每一个国家来说,都是关系其生死存亡的大事。如果一个国家的信息系统不能有效地抵御入侵,那么这个国家就会随时陷入灭顶之灾。抓住机遇、迎接挑战,以安全的意识建构网络世界,以成熟的心智面对网络生活,以娴熟的技术担当网络卫士,不仅是对我们每一位中职生提出的要求,也是每一位中国公民面临的严峻挑战。

五、案例警示

案例一

从好学生到成绩不及格

刘某是某职校二年级的学生,一年级时一次偶然的上网经历让他从此沉迷网络游戏不能自拔。刘某回忆起第一次上网的情形依然历历在目,"在网吧里看到好多人玩游戏,我也尝试着玩玩,发现挺有意思的,一下子玩了两个多小时。回去后,心里一直痒痒的,觉得不过瘾,几天后晚自习时又跑到网吧去了。"

就这样,刘某开始千方百计挤出时间上网,最后发展到逃课的地步。"从这学期开始,我几乎不上课。白天在宿舍睡觉,晚上去网吧上网。"为了挤出上网的钱,刘某常常一天只吃中午和晚上两餐,并且都是泡面或面包之类的便宜食品。"饭可以不吃,但网不能不上。"刘某说。

"玩多了也会自责,觉得对不起父母。因为家是农村的,为了我上学还借了两万多元债。可是越是自责越想逃避,越愿意躲在网络虚拟世界中。这样就不会想那些烦心事了。"刘某觉得网络就像精神鸦片,一旦上瘾想戒除非常困难。"一天不玩就心里痒痒,感觉像丢了什么似的。"

由于沉迷网络不能自拔,刘某在虚拟的世界里过五关斩六将,获得快慰和满足;但在现实的世界中成绩却一路下滑,到这学期末已经有7门功课"红灯高悬",拖欠学分高达21分,直逼学校规定的降级警戒线。

案例二

中职生因贪恋网络游戏而沦为乞丐

小宇曾是某职校二年级学生。由于沉迷游戏,多门功课不合格,2009年3月28日被学校退学。每天,小宇提着口袋捡破烂,维持一天一顿饭的生活。知情人士讲述了他的过去:

小宇看到别的同学老往附近的游戏室跑,小宇也忍不住去看看"新鲜",不料很快就进入角色。一有机会,他就泡在游戏室里,有时逃了课去打游戏。慢慢地,他发现自己不能认真看书了,捧着书本,眼前浮现的全是游戏中格斗的场景。职校一年级结束时,小宇有三门功课补考。二年级上学期,他呆在游戏室的时间比在教室里还长。结果可想而知,他又有六科补考。所有的补考,他都没有通过。2005年年底,小宇收到第一封退学通知书。"孩子哪有不犯错的",善良的父母很快就原谅了他。

退学后,小宇跟随父母到深圳一家配件厂打了三个月工,还是决定回学校复读。2007年9月,小宇被某职校信息管理专业录取。但作为这所地处繁华闹市中的职业院校的学生,小宇感到孤单。

国庆节七天,小宇学会在网上聊QQ,结识了不少喜欢网络游戏的网友,大家经常聊打游戏的心得。他发现网友都在聊一种叫"魔兽世界"的游戏。小宇开始尝试着玩"魔兽世界"。他自认为有良好的控制能力,不会无法自拔。

小宇没想到,网络上的"魔兽世界"竟然如此精彩。于是,小宇在网上修炼的时间越来越长。从每天5个小时到通宵。11月,小宇开始整日整夜地呆在电脑前。他一刻也舍不得离开"魔兽世界"中的自己。有时,他坐在寝室或教室里,会产生错觉,好像网络中的自己才是真实的,而现实中孤独、失意的自己才是虚幻的。

每小时两元的上网费,两个月下来,积成了1700多元。12月初,小宇开始债台高筑。最后,他不得不让父亲来学校为他还债。这时,父亲才知道儿子在学校的真实情况——除了体育课,他几乎什么课都逃。父亲跪在小宇面前,声泪俱下,求他痛改前非,完成学业。

父亲走后没几天,小宇还是没能抵抗"魔兽"的诱惑,他又走进网吧。转眼就到了一年级的期末考试,小宇共有10门功课不合格。

二年级开学,小宇发誓要认真学习。这时,他已经欲罢不能了。"魔兽"里的东西对他太重要了。期末考试进行了两周,他也在网吧里修炼了两周。二年级下学期开学了,小宇原本等着补考,结果却等来了退学通知书。父母对他彻底失望了,他们扬言,再也不会接纳他,除非他完成学业。

第二次退学,小宇无颜回家面对父母。他靠学校退给他的几百元钱勉强度日。

今后应该怎么办?小宇想到这些问题就感到痛苦。这时,"魔兽"又成了治疗痛苦最好的方法。小宇开始刻意在"魔兽"中麻醉自己。6月初,小宇的钱全部用光了。他不得不上网卖装备,卖得的400多元勉强过了一个月。7月份,他的装备卖完了,钱也没有了。迫于无奈,小宇只得潜入毕业班的寝室,将丢弃的镜子、网线、篮球等拿到低年级去卖。运气好时,每天能挣三四元钱,吃上两顿小面。

有一次,小宇正在捡破烂,遇到以前的一个同学。他以最快的速度消失了。晚上,他只能睡在校园的长椅上,运气好时,能呆在一间空教室里睡觉。但是,第二天早上,被学生驱赶出教室的感觉特别难受。

9月2日,学校开学了,小宇再也没有容身之处。他趁着清早,捡了一堆废报纸,卖了三元钱,吃了一碗小面。此外,一整天没吃任何东西。晚上,他在校园的僻静处躲着睡了。

9月9日下午4点,他来到报社求助。小宇吃完记者买来的罐头、方便面,睡到柔软的床上,却有些失眠——今后的路应该怎么走?他还能得到父母的原谅吗?

案例三

溺网导致自动退学

武汉某职业技术学院三年级学生李某入学成绩在班上排前两位,一年级下半年迷恋上网络游戏《帝国时代》,开始阶段经常通宵达旦上网,后来发展到一周甚至半月不回寝室,吃在网吧,住在网吧。有一段时间里,小李也曾想收回心来好好学习,可是由于他在网络游戏中确实占有霸主的地位,只要有什么大的网络游戏比赛,以前的网友总是千方百计找到他,因为,如果他不出征,网友们所在的战队就无法获胜。无奈,小李躲不过就得继续出征,而一发不可收拾。虽然在现实中小李已经找不到成功的感觉,但是在网络游戏中他绝对是"大哥大",受人追随和尊敬。经学校多次劝说仍不改,后来其父得知情况来学校劝其改过,谈及贫寒的家境和跨出农门的不易,小李当面保证以后决不再玩网络游戏。但其父前脚刚走,他后脚又迈进了网吧大门。最终导致多门成绩挂红灯,不得不自动退学。

案例四

溺网导致心理异常

上海某职业院校一名男同学因过度上网而出现生理和心理异常。这名学生从一年级开始,经常在早上8时进入机房,直到晚上9时机房关门才离开。因为过度上网,该生面容憔悴,情绪低落,并常伴有莫名其妙的言行。该校校医说,这种症状属于网络心理障碍,多发于男性。患者由于沉溺于网络聊天或浏览信息,出现情绪低落、思维迟钝、自我评价降低等症状。

思考题

1. 为什么说网络是一把双刃剑?
2. 中职生网络犯罪的具体表现有哪些?
3. 谈谈你对"黑客"的认识。
4. 计算机病毒防范的主要方法有哪些?

第八章 职业卫生与安全

达标要求：了解职业卫生常识，熟悉职业病的含义、特征及其防治知识，掌握职业中毒有关的知识，知悉工伤及其保险有关的知识。

一、职业卫生与安全常识

中职生在职业学校学习和实习过程中，已经接触到实际工作，因此必须了解自己从事相关行业的职业卫生与安全知识，这是为了保护自己的利益，保护自己在漫长的职业生涯中身心不会受到伤害。所以说，中职生接受职业安全卫生教育，掌握职业卫生与安全知识是关系到切身利益的。

1. 高温作业对人体健康的影响

在高气温或同时存在高湿度或热辐射的不良气象条件下进行的生产劳动，通称为高温作业。高温作业按其气象条件的特点可分为下列三个基本类型。

高温强辐射作业，如：冶金工业的炼焦、炼铁、炼钢、轧钢等车间；机械制造工业的铸造、锻造、热处理等车间；陶瓷、玻璃、搪瓷、砖瓦等工业

的炉窑车间；火力发电厂和轮船上的锅炉等。这类作业的气象特点是气温高、热辐射强度大，而相对湿度较低，形成干热环境。人在此环境下劳动时会大量出汗，如通风不良，则汗液难以蒸发，就可能因蒸发散热困难而发生蓄热和过热。

高温高湿作业，特点是气温、湿度均高，而辐射强度不大。例如：印染、缫丝、造纸等工业中液体加热或蒸煮时，车间气温可达 35℃ 以上，相对湿度常高达 90％ 以上；潮湿的深矿井内气温可达 30℃ 以上，相对湿度可达 95％ 以上，如通风不良就形成高温、高湿和低气流的不良条件，即湿热环境。人在此环境下劳动，即使气温不很高，但由于蒸发散热更为困难，故虽大量出汗也不能发挥有效的散热作用，易导致体内热蓄积或水电解质平衡失调，从而发生中暑。

夏季露天作业，如：农业、建筑、搬运等劳动的高温和热辐射主要来源是太阳辐射。露天作业中的热辐射强度虽较高温车间低，但其作业的持续时间较长，且头颅常受到阳光直接照射，加之中午前后气温升高，此时若劳动强度过大，则人体极易因过度蓄热而中暑。此外，夏天在田间劳动时，因高大密植的农作物遮挡了气流，常因无风而感到闷热不适，如不采取防暑措施，也易发生中暑。

高温可使作业工人感到热、头晕、心慌、烦躁、口渴、无力、疲倦等不适感，可出现一系列生理功能的改变，主要表现在：

①体温调节障碍，由于体内蓄热，体温升高。

②大量水盐丧失，可引起水盐代谢平衡紊乱，导致体内酸碱平衡和渗透压失调。

③心律脉搏加快，皮肤血管扩张及血管紧张度增加，加重心脏负担，血压下降。如进行

重体力劳动时,血压也可能增加。

④消化道贫血,唾液、胃液分泌减少,胃液酸度降低,淀粉活性下降,胃肠蠕动减慢,造成消化不良和其他胃肠道疾病增加。

⑤高温条件下若水盐供应不足可使尿浓缩,增加肾脏负担,有时会出现肾功能不全,如尿中出现蛋白、红细胞等。

⑥神经系统可出现中枢神经系统抑制,注意力和肌肉的工作能力、动作的准确性和协调性及反应速度的降低等。

2. 有害化学物质

有害化学物质以不同的形态存在于环境中。液体(如清洁剂)、粉尘、雾、烟、细菌和蒸汽(如苯蒸汽)以及气体(如二氧化碳、硫化氢)。

化学物质对人体的损害程度取决于多种因素,包括进入体内的方式如通过呼吸道吸入以及口腔和皮肤的吸收,也有可能是几种方式的联合作用。另外,接触的一些化学物质中,有的甚至能致癌(如氯丁二稀可致肺癌,苯可以导致白血病)。刺激性气体(如盐酸,氨气等)和窒息性气体(如一氧化碳、氰化氢)能阻断人体利用氧气。

许多化学物质不但具有危险性,而且有如上所述对人体健康的危害,其危害程度不仅取决于化学物质本身的特性,而且取决于浓度和强度以及使用方法。

如果你的皮肤接触了某些化学物质或者溅到眼睛里——立即用大量的水冲洗,然后去急诊室做进一步处理。氢氟酸不能用清水洗掉,必须立即送医院急救。

3. 振动的危害

振动对人体的影响分为全身振动和局部振动。全身振动的频率范围主要在 $1Hz\sim20Hz$。局部振动作用的频率范围在 $20Hz\sim1000Hz$。上述划分是相对的,在一定频率范围内(如 $100Hz$ 以下),既有局部振动作用又有全身振动作用。局部振动作业:主要是使用振动工具的各工种,如砂铆工、锻工、钻孔工、捣固工、研磨工及电锯、电刨的使用者等进行的作业。全身振动作业:主要是振动机械的操作工。如震源车的震源工、车载钻机的操作工;钻井发电机房内的发电工及地震作业、钻前作业的拖拉机手以及野外活动设备上的振动作业工人,如锻工等。

(1)全身振动对人体的不良影响

振动所产生的能量,通过支撑面作用于坐位或立位操作的人身上,引起一系列病变。

接触强烈的全身振动可能导致内脏器官的损伤或位移,周围神经和血管功能的改变,可造成各种类型的、组织的、生物化学的改变,导致组织营养不良,如足部疼痛、下肢疲劳、足背脉搏动减弱、皮肤温度降低;女工可发生子宫下垂、自然流产及异常分娩率增加。一般人可发生性机能下降、气体代谢增加。振动加速度还可使人出现前庭功能障碍,导致内耳调节平衡功能失调,出现脸色苍白、恶心、呕吐、出冷汗、头疼头晕、呼吸浅表、心率和血压降低等症状。晕车晕船即属全身振动性疾病。全身振动还可造成腰椎损伤等运动系统影响。

(2)局部振动对人体的不良影响

局部接触强烈振动主要是以手接触振动工具的方式为主的,由于工作状态不同,振动可传给一侧或双侧手臂,有时可传到肩部。长期持续使用振动工具能引起末梢循环、末梢神经和骨关节肌肉运动系统的障碍,严重时可患局部振动病。

神经系统:以上肢末梢神经的感觉和运动功能障碍为主,皮肤感觉、痛觉、触觉、温度功能下降,血压及心率不稳,脑电图有改变。

心血管系统:可引起周围毛细血管形态及张力改变,上肢大血管紧张度升高,心率过缓,心电图有改变。

肌肉系统:握力下降,肌肉萎缩、疼痛等。

骨组织:引起骨和关节改变,出现骨质增生、骨质疏松等。

听觉器官:低频率段听力下降,如与噪声结合,则可加重对听觉器官的损害。

其他:可引起食欲不振、胃痛等。

二、职业卫生与职业病

1. 职业病的定义及其成因

职业病是指企业、事业单位和个体经济组织(以下统称用人单位)的劳动者在职业活动中,因接触粉尘、放射性物质和其他有毒、有害物质等而引起的疾病。

根据职业病防治法的规定,卫生部会同劳动和社会保障部发布了《职业病目录》。这一目录规定的职业病有尘肺、职业性放射性疾病、职业中毒、物理因素所致职业病、生物因素所致职业病、职业性皮肤病、职业性眼病、职业性耳鼻喉口腔疾病、职业性肿瘤和其他职业病共 10 类 115 种疾病。

职业病的形成主要有三方面原因:

一是劳动者对职业病的范围和危害缺乏必要的认识和重视,防范意识差。北京道锐思管理技术有限公司首席管理顾问周波说,由于大多数职业病以及职业对健康的危害发展缓慢,因此不易引起重视。人才的竞争,加上一些企业动辄裁员增效,许多员工就消极地认为能保住饭碗已经不错,面对种种压力也不愿言说,压力增大,又无法自我调整,容易诱发各种职业病。

二是缺乏明确而规范的法律保护。受我国当前经济发展水平的限制,目前职业病防治的重点是危害严重的职业病,针对脑力劳动者职业病防范并未纳入职业病防治法的范围,没有严格意义上的法律规定,这部分人得不到相应的补偿和保护。

三是用人单位缺乏职业病防范意识。职业病危害着员工的身体健康,但出于经营成本上的考虑和对职业病认识不足,关于这个公开的秘密许多企业见怪不怪,他们认为只要能创造经济效益就行。结果,在这些企业创造的经济效益背后,牺牲的是劳动者的健康。

2. 职业病的特点

职业病具有以下五个特点:

(1)病因明确,在控制了相应病因或作用条件后,发病可以减少或消除;

(2)所接触的病因大多是可以检测和识别的,一般需接触到一定程度才发病,因此,存在接触水平(剂量)——反应关系;

（3）在接触同样有害因素的人群中，常有一定的发病率，很少只出现个别病人；

（4）如能早期发现并及时合理处理，恢复起来较容易；

（5）大多数职业病目前尚无特殊治疗方法，发现愈晚，疗效也愈差。所以，防治职业病，关键在于全面执行三级预防。

3. 职业病的认定条件

职业病是由于职业活动而产生的疾病，但并不是所有在工作中得的病都是职业病。职业病必须是列在《职业病目录》中，有明确的职业相关关系，按照职业病诊断标准，由法定职业病诊断机构明确诊断的疾病。具体来说，一般被认定为职业病，应具备下列三个条件：第一，该疾病应与工作场所的职业性有害因素密切相关。第二，所接触的有害因素的剂量无论过去或现在，都足以导致疾病的发生。第三，必须区别职业性和非职业性病因所起的作用，前者的可能性必须大于后者。

4. 职业病的防治

职业病形势如此之严峻，防治职业病已刻不容缓，中职生应从思想上提高警惕，重视对职业病的防治。

（1）防治原则

①消除或控制职业有害因素，即从根本上使劳动者不接触职业有害因素，如改进生产过程，使生产过程达到安全标准，对人群中的易感者定出就业禁忌症等。

②早期发现病损，采取补救措施，防止其进一步发展。

③对已得病者，做出正确诊断，及时处理，包括及时脱离接触进行治疗，防止恶化和并发症，促进康复。

（2）防治措施

①加强安全卫生管理。

②加强卫生宣传，普及预防知识。

③开展群众性的防治工作。

④进行技术改进，减少职业性有害因素。

⑤加强个人防护，就业体检。

⑥对作业环境中有害有毒物质进行定期监测。

5. 职业中毒

职业中毒一直是我国职业病防治工作的重点和难点。近年来，随着小型化工行业向乡镇企业转移，职业中毒事故有不断增加的趋势，给劳动者带来了极大的损害，给国家造成严重损失。由于中职生在实习和以后的工作中经常要面对这些情况，为减少或杜绝其在职业生涯中急性职业中毒事故的发生，保障中职生的劳动安全，提高中职生的自我保护意识和能力，非常有必要普及职业中毒知识。

铅是常见的工业毒物。接触铅的行业和工种有印刷、蓄电池、玻璃、陶瓷、塑料、油漆、化工、造船、电焊等，铅矿的开采和冶炼也接触大量的铅。铅及其化合物主要以粉尘、烟或蒸气的形式经呼吸道进入人体；其次是消化道，如果在生产中长期吸入大量的铅蒸气或微细粉尘,血液中铅含量就会超过正常范围,引起铅中毒。

铅中毒有急性和慢性两种。急性中毒主要是由于服用大量铅化合物所致,工业生产中急性铅中毒较少见。职业性铅中毒主要为慢性中毒。早期常感乏力、口内金属味、肌肉关节酸痛等,随后可出现神经衰弱综合症、食欲不振、腹部隐痛、便秘等。病情加重时,出现四肢远端麻木,触觉、痛觉减退等神经炎表现,并握力减退。少数患者在牙龈边缘有蓝色"铅线"。重者可出现肌肉活动障碍。腹绞痛是铅中毒的典型症状,多发生于脐周部,也可发生在上腹部或下腹部。发作时腹软,无压痛点,挤压腹部时疼痛可以减轻,面色发白,全身冷汗。每次发作可持续几分钟到几十分钟。另可出现中度贫血,有时伴发高血压。

预防铅中毒关键在于使车间空气中铅的浓度达到卫生标准的要求,应采取如下措施:用无毒或低毒品代替铅,如印刷用锌代替铅制板,用钛白代替铅白制油漆等;改革工艺,使生产过程机械化、自动化、密闭化,减少手工操作,如用机械化浇铸代替手工,熔铅炉使用感应电加热炉控制温度,安装吸尘排气罩,回收净化铅尘等。

铅作业的工人应穿工作服、带过滤式防烟尘口罩,严禁在车间进食,饭前应洗手,下班应淋浴,坚持湿式清扫。定期监测车间空气中铅的浓度、检修设备。定期进行健康检查。

6. 女性职业卫生保护

近年来,职业安全健康的理念大大提高,由于妇女具有与男子不同的身体结构和生理特点,而且负有养育后代的天职,这使女职工在工作中受到一定的限制,因此,妇女的职业安全健康方面需要特殊的保护。保护女职工健康是我国一贯的政策。

妇女不宜从事持续负重20～25千克以上的重体力劳动,不宜从事高温或低温环境作业、不宜从事引起全身强烈振动的作业、长期强制体位的作业以及有发生意外事故的高度危险的作业。同时要加强经期、孕期、产期、哺乳期的劳动保护。女工在月经期不应从事高空、装御、搬运及接触冷水的作业。

三、职业安全与工伤事故

1. 常见作业的职业危害

(1)油漆作业的职业危害

油漆作业的主要职业危害是吸入有机溶剂蒸气。各种漆都是由成膜物质(各种树脂)、溶剂、颜料、干燥剂、添加剂组成。普通油漆通常用汽油作溶剂,环氧铁红底漆含少量二甲苯,浸漆主要含甲苯,也有少量苯。喷漆(硝基漆)及其稀释剂(香蕉水)中含多量苯或甲苯、二甲苯,在无防护情况下喷漆,作业场所空气中苯浓度相当高,对喷漆工人危害极大。

(2)水泥生产的职业危害

水泥生产中主要职业危害是粉尘,粉碎、研磨、过筛、配料、出窑、包装等工序都有大量粉尘产生。通常,生料中游离二氧化硅含量约10%,熟料含1.7%～9.0%,成品水泥含1.2%～2.6%。长期吸入生料粉尘可引起矽肺,吸入烧成后的熟料或水泥粉尘可引起水泥尘肺。水泥遇水或汗液,能生成氢氧化钙等碱性物质,刺激皮肤引起皮炎,进入眼内引起结膜炎、角膜炎。原料烘干、立窑煅烧(145℃)等作业地带,有高温、热辐射。此外,各种设备运转时,可产生不同程度的噪声。

（3）砖瓦生产的职业危害

砖瓦的原料主要是粘土,粘土中二氧化硅含量达 55.5%～71.6%,其次含有三氧化二铝、三氧化二铁和少量氧化钙、氧化镁。砖瓦生产基本过程包括破碎、过筛、搅拌、成型（制坯）、干燥、焙烧（小型砖瓦厂多用圆窑）、出窑。在破碎、过筛、搅拌直到焙烧出窑的过程中都有较高浓度的含二氧化硅的粉尘产生。焙烧、干燥工序有一氧化碳产生,并有高温和热辐射存在。用机械作砖瓦坯成型和切砖可产生较强噪声。

（4）蓄电池生产的职业危害

主要职业危害是铅烟、铅尘。熔铅、烧铅球和栅板有大量铅烟逸散,球磨制粉（特别在出料、装卸和混料时）可有大量铅尘飞扬,涂板、修板和焊接也可产生大量铅尘、铅烟。极板化成是将干燥后的铅板放入比重为 1.05：1.15 的硫酸化成槽中充电,有硫酸雾产生。熔铅、浇铸、极板干燥有高温和热辐射。

2. 工伤事故

（1）工伤事故的定义

工伤事故是指职工在本岗位劳动,或虽不在本岗位劳动,但由于企业的设备和设施不安全、劳动条件和作业环境不良、管理不善,以及企业领导指派到企业外从事本企业活动,所发生的人身伤害和急性中毒事故。此类事故在国际上没有统一的简称规定。日本、美国称工伤事故、生产事故,有的国家称为工业事故、职业事故、工作伤害、人身伤害事故。中国称为工伤事故或生产事故。这类事故由劳动安全主管部门分别管理和查处。

（2）工伤事故的分类

根据国家有关法律、法规,规程、规定和标准,职工因工伤亡事故有以下几类:

①轻伤事故

轻伤事故指一次事故中只发生轻伤的事故。轻伤是指造成职工肢体伤残,或某器官功能性或器质性程度损伤,表现为劳动能力轻度或暂时丧失的伤害。一般指受伤职工歇工在一个工作日以上,计算损失工作日低于 105 日的失能伤害,但够不上重伤者。

②重伤事故

重伤事故指一次事故发生重伤（包括拌有轻伤）、无死亡的事故。重伤是指造成职工肢体残缺或视觉、听觉等器官受到严重损伤,一般能引起人体长期存在功能障碍,或损失工作日等于和超过 105 日,劳动能力有重大损失的失能伤害。

根据原劳动部发布的《关于重伤事故范围的意见》,凡有下列情形之一的,均作为重伤事故处理。

（一）经医师诊断已成为残废或可能成为残废的;

（二）伤势严重,需要进行较大的手术才能挽救的;

（三）人体要害部位严重灼伤、烫伤占全身面积三分之一以上的;

（四）严重骨折（胸骨、肋骨、脊椎骨、锁骨、肩胛骨、腕骨、腿骨和脚骨等因受伤引起骨折）,严重脑振荡等;

（五）眼部受伤较严重,有失明可能的;

（六）手部伤害：

①大拇指轧断一节的。

②食指、中指、无名指、小指任何一只轧断两节或任何两指各轧断一节的。

③局部肌腱受伤很严重，引起机能障碍，有不能自由伸屈的；

（七）脚部伤害：

①脚趾轧断三只以上的。

②局部肌腱受伤很严重，引起机能障碍，有不能行走自如的；

（八）内部伤害：内脏损伤、内出血或伤及腹膜的；

（九）凡不在上述范围以内的伤害，经医生诊察后，认为受伤较重，可根据实际情况参照上述各点，由企业行政会同工会做个别研究提出初步意见，由当地劳动部门审查确定。

①死亡事故

死亡事故指一次事故死亡 1～2 人的事故（包括伴有重伤、轻伤）。死亡是指事故发生后当即死亡（含急性中毒死亡）或负伤后在 30 天以内死亡的事故。

②急性中毒事故

急性中毒事故是指生产性毒物一次或短期内通过人的呼吸道、皮肤或消化道大量进入体内，使人体在短时间内发生病变，导致职工立即中断工作，并须进行急救或死亡的事故。急性中毒的特点是发病快，一般不超过一个工作日，有的毒物因毒性有一定的潜伏期，可在下班后数小时发病。

③重大死亡事故

重大死亡事故指一次事故死亡 3 人以上（含 3 人）的事故。包括发生事故以后 30 日因事故而延长的均计入（排除医疗事故或自然死亡）。

④特别重大死亡事故

根据 1990 年 3 月 20 日原劳动部关于《特别重大事故调查程序暂行规定》有关条文解释，凡符合下列情况之一都为《规定》所称特别重大事故：

（一）民航客机发生的机毁人亡（死亡 40 人及其以上）事故；

（二）专机和外国民航客机在中国境内发生的机毁人亡事故；

（三）铁路、水运、矿山、水利、电力事故造成一次死亡 50 人及其以上，或者一次造成直接经济损失 1000 万元及其以上的；

（四）公路和其他发生一次死亡 30 人及其以上或直接经济损失在 500 万元及其以上的事故（航空、航天器科研过程中发生的事故除外）；

（五）一次造成职工和居民 100 人及其以上的急性中毒事故；

（六）其他性质特别严重，产生重大影响的事故。

（3）在何种情况下职工发生的伤亡事故属工伤。

根据原劳动部《企业职工工伤保险试行办法》（劳部发〔1996〕266 号）第 8 条的规定，职工由于下列情形之一负伤、致残、死亡的，应当认定为工伤：

①从事本单位日常生产、工作或者本单位负责人临时指定的工作的，在紧急情况下，虽未经本单位负责人指定但从事直接关系本单位重大利益的工作的；

②经本单位负责人安排或者同意,从事与本单位有关的科学试验、发明创造和技术改进工作的;

③在生产工作环境中接触职业性有害因素造成职业病的;

④在生产工作的时间和区域内,由于不安全因素造成意外伤害的,或者由于工作紧张突发疾病造成死亡或经第一次抢救治疗后全部丧失劳动能力的;

⑤因履行职责遭致人身伤害的;

⑥从事抢险、救灾、救人等维护国家、社会和公众利益的活动的;

⑦因公、因战致残的军人复员转业到企业工作后旧伤复发的;

⑧因公外出期间,由于工作原因,遭受交通事故或其他意外事故造成伤害或者失踪的,或因突发疾病造成死亡或者经第一次抢救治疗后全部丧失劳动能力的;

⑨在上下班的规定时间和必经路线上,发生无本人责任或者非本人主要责任的道路交通机动车事故的;

⑩法律、法规规定的其他情形。

(4)在何种情况下职工发生的伤亡事故不属工伤

职工由于下列情形之一造成负伤、致残、死亡的,不应认定为工伤:

①犯罪或违法;

②自杀或自残;

③斗殴;

④酗酒;

⑤蓄意违章;

⑥法律、法规规定的其他情形。

(5)工伤申报认定程序

①职工发生事故伤害或者按照职业病防治法规定被诊断、鉴定为职业病,所在单位应当自事故伤害发生之日或者被诊断、鉴定为职业病之日起 30 日内,向统筹地区劳动保障行政部门提出工伤认定申请。遇有特殊情况,经报劳动保障行政部门同意,申请时限可以适当延长(应当由省级劳动保障行政部门进行工伤认定的事项,根据属地原则由用人单位所在地的设区的市级劳动保障行政部门办理。用人单位未在规定的时限内提交工伤认定申请,在此期间发生符合规定的工伤待遇等有关费用由该用人单位负担)。

②用人单位未按上述规定提出工伤认定申请的,工伤职工或者其直系亲属、工会组织在事故伤害发生之日起 1 年内,可以直接向用人单位所在地统筹地区劳动保障行政部门提出工伤认定申请。

③劳动保障行政部门受理工伤认定申请后,根据审核需要可以对事故伤害进行调查核实,用人单位、职工、工会组织、医疗机构以及有关部门应当予以协助。职业病诊断和诊断争议的鉴定,依照职业病防治法的有关规定执行。对依法取得职业病诊断证明书或者职业病诊断鉴定书的,劳动保障行政部门不再进行调查核实。职工或者其直系亲属认为是工伤,用人单位不认为是工伤的,由用人单位承担举证责任。

④劳动保障行政部门应当自受理工伤认定申请之日起 60 日内做出工伤认定的决定,

并书面通知申请工伤认定的职工或者其直系亲属和该职工所在单位。劳动保障行政部门工作人员与工伤认定申请人有利害关系的,应当回避。

3. 工伤保险

(1)工伤保险的定义及基本原则

工伤保险是指劳动者因在生产经营活动中所发生的或在规定的某些特殊情况下,遭受意外伤害、职业病以及因这两种情况造成死亡,在劳动者暂时或永久丧失劳动能力时,劳动者或其亲属能够从国家、社会得到必要的物质补偿。这种物质补偿一般以现金形式体现。工伤保险费由企业按工资总额的一定比例缴纳,职工个人不缴费。

工伤保险制度的基本原则有:

工伤保险总的改革目标是适应市场经济的需求,实现以工伤预防、工伤补偿、职业康复三大目标为主的现代工伤保险制度。基本原则是:

①强制实行原则。即以国家立法强制实施,使所有用工单位,不分所有制形式,不分用工形式一律参保,按月向社保机构缴纳工伤保险费,使工伤保险在全社会发挥调剂和保险作用。

②保险与经济补偿相结合的原则。发生工伤后,在待遇支付方面,除了保证正常的生活待遇外,还要给予一次性的工伤保险补偿费用。

③社会化管理原则。一是覆盖范围的社会化,二是基金来源社会化,即国家、企业共同筹资,三是管理的社会化,使企业摆脱更多的社会性工作。

④工伤保险与工伤预防相结合的原则。即将工伤保险基金中一定的费用转向改善生产环境,加强对劳动卫生与安全保护的科研,以及对防止重大伤亡事故人员的奖励等。

⑤工伤保险与职业康复相结合的原则。

(2)工伤保险待遇

①治疗工作所需的挂号费、住院费、医疗费、药费、就医路费全额报销。住院治疗期间,还应享受住院伙食补助。

②工伤职工在工伤医疗期内按月付工伤津贴至工伤医疗期满。

③工伤职工经评定确需护理的应享护理费。

④必须安置假肢、义眼、镶牙、配置代步车等辅助器具的,按国内普及型标准报费用。

⑤因工致残的享受一次性伤残补助金,其标准按伤残等级来定。其中1至7级伤残的,按月享受伤残抚恤金。若企业未参加保险,经企业和职工双方协商同意后,可实行一次性领取该伤残抚恤金;伤残等级为7级至10级的享受一次性伤残就业补助金。

⑥伤残等级为1级至4级的需易地安家的,应付给6个月工资的安家补助费。

⑦因工死亡的,则应享受丧葬补助费、供养亲属抚恤金、一次性工亡补助金等待遇。企业没有参加保险的,经双方协商同意后,可一次性领取供养亲属抚恤金。

凡一次性领取待遇的,应当终止工伤保险关系,并与企业在公证部门公证。

(3)工伤保险基金

工伤保险基金的来源是:①企业缴纳的工伤保险费。企业必须按照国家和当地人民政府的规定参加工伤保险,按时足额缴纳工伤保险费。②工伤保险费滞纳金。③工伤保险基金的利息。④法律法规规定的其他资金。工伤保险费根据各行业的伤亡事故风险和职业危害程度的类别实行差别费率,并每5年调整一次。

　　工伤保险基金按以支定收、收支基本平衡的原则统一管理,存入社会保障基金财政专户,用于《工伤保险条例》规定的工伤保险待遇、劳动能力鉴定以及法律、法规规定的用于工伤保险的其他费用的支付。任何单位或者个人不得将工伤保险基金用于投资运营、兴建或者改建办公场所、发放奖金,或者挪作其他用途。工伤保险基金应当留有一定比例的储备金,用于统筹地区重大事故的工伤保险待遇支付;储备金不足支付的,由统筹地区的人民政府垫付。储备金占基金总额的具体比例和储备金的使用办法,由省、自治区、直辖市人民政府规定。

四、案例警示

案例一

广东每年一百人死于尘肺病

　　广东省卫生厅透露,广东职业病防治形势严峻,每年至少有100人因尘肺病死亡;目前职业病的多发行业已从过去的矿山和冶金等重工业向电子、玩具等加工型产业转移。每年尘肺病带来的直接经济损失约2亿元。

　　据广东省职业病防治院介绍,近年易患尘肺病的工种包括广东一些天然宝石、玉器加工业中的切石工、磨钻工,灯饰加工业中的喷砂工和集装箱加工业中的电焊工等。尘肺病早期无明显症状或症状轻微,随着尘肺病病情发展,可出现气促、胸痛、咳嗽和咳痰等症状,进而出现明显的呼吸困难、发绀、不能平卧等,晚期会丧失劳动能力。尘肺病本可以通过降尘、通风、佩戴专业工业防尘口罩避免,然而在不少工作环境里这些防护措施并没有真正落实。除尘肺病外,有机溶剂中毒在广东近年也比较突出。

　　根据卫生部门公布的数字,2010年全年共报告的职业病病例是27240人,其中,尘肺病病例是23812例。近年来,随着职业病病人的不断显现,职业病防治越来越受到关注。在民众的视线里,"开胸验肺事件"的阴影格外沉重,修改完善相关法律法规的呼声也日渐高涨。2011年的最后一天,十一届全国人大常委会第二十四次会议,以138票赞成、1票反对、5票弃权表决通过了关于修改职业病防治法的决定。

案例二

重庆市某锶业有限公司急性硫化氢中毒案

　　事故经过:2001年3月13日上午9时,某锶业有限公司(私营企业)一电工进入合成罐检修,几分钟后即感头昏胸闷,随即昏倒在罐内,5名工人先后相继进入罐内实施抢救,均中毒昏倒在罐内。在现场其他工人的帮助下,将昏倒在罐内的6名中毒者抢救脱离现场。此时,其中3人已中毒死亡,其余3人即刻送医院急救。事故直接原因:合成罐清理不彻底,罐内存在大量高浓度的硫化氢气体。工人在未佩戴任何防毒面具的情况下违章进入罐内检修,从而造成急性硫化氢中毒。

案例三

<h3 style="text-align:center">检修工作机械伤害事故</h3>

2005 年 8 月 9 日,在某盐业公司制盐工段夜班时间,由于一活塞式离心机有异响,维修工段班长谢某、维修工王某等人前去检修。离心机操作工李某把离心机关闭后,由于惯性,离心机转鼓尚未完全停下来。此时,谢某就把手伸进了离心机壳内,李某制止未果,谢某的中指和无名指被夹在了离心机刮刀与筛网之间。王某用工具把离心机外门打开,谢某的手指才得以抽出。谢某被送往医院治疗,手指成粉碎性骨折。

现场情况看,当时离心机上方的照明灯不亮,检修人员是借助附近的灯光进行检修的。这起事故是一起典型的责任事故。事故类型属于机械伤害。

在这起事故中,谢某忽视安全,不听警告,冒险作业,在设备尚未停止的情况下进行检查,属于个人的不安全行为。这是造成这起事故的直接原因。工作场地环境不良,工作环境光线较暗,职工无法看清设备情况,是造成事故的重要原因。企业对职工教育培训不够,安全措施落实不力,职工缺乏安全操作技术知识,是造成这次事故的间接原因。

<h2 style="text-align:center">思考题</h2>

1. 高温作业对人体有哪些危害?
2. 什么是职业病? 如何预防?
3. 什么是工伤事故? 如何鉴定?

第九章　自然灾害防范

达标要求:了解地震、台风、泥石流、雷击、沙尘暴、冰雹、雪灾等自然灾害的成因,熟悉各种自然灾害的基本特征,掌握防范自然灾害的基本常识和救助措施。

一、地震

1. 地震的前兆

地震前,在自然界发生的与地震有关的异常现象,我们称之为地震前兆,它包括微观前兆和宏观前兆两大类。常见的地震前兆现象有:(1)地震活动异常;(2)地震波速度变化;(3)地壳变形;(4)地下水异常变化;(5)地下水中氡气含量或其他化学成分的变化;(6)地应力变化;(7)地电变化;(8)地磁变化;(9)重力异常;(10)动物异常;(11)地声;(12)地光;(13)地温异常等等。当然,上述这些异常变化都是很复杂的,往往并不一定是由地震引起的。例如地下水位的升降就与降雨、干旱、人为抽水和灌溉有关。再如动物异常往往与天气变化、饲养条件的改变、生存条件的变化以及动物本身的生理状态变化等等有关。因此,我们必须在首先识别出这些变化原因的基础上,再来考虑是否与地震有关。

大地震前,飞禽走兽、家畜家禽、爬行动物、穴居动物和水生动物往往会有不同程度的异常反应。大震前动物异常表现有情绪烦躁、惊慌不安,或是高飞乱跳、狂奔乱叫,或是萎靡不振、迟迟不进窝等。动物异常观测对地震预报具有一定的意义。震区群众总结出这样的谚语:震前动物有预兆,抗震防灾要搞好。牛羊驴马不进圈,老鼠搬家往外逃;鸡飞上树猪拱圈,鸭不下水狗狂叫;兔子竖耳蹦又撞,鸽子惊飞不回巢;冬眠长蛇早出洞,鱼儿惊惶水面跳。家家户户要观察,综合异常做预报。

大地震前,地下含水层在构造变动中受到强烈挤压,从而破坏了地表附近的含水层的状态,使地下水重新分布,造成有的区域水位上升,有些区域水位下降。水中化学物质成分的改变,使有些地下水出现水味变异颜色改变,出现水面浮"油花",打旋冒气泡等。地下水位和水化学成分的震前异常,在活动断层及其附近地区比较明显,极震区更常集中出现。灾区群众说:井水是个宝,前兆来得早。无雨泉水浑,天干井水冒;水位升降大,翻花冒气泡;有的变颜色,有的变味道。天变雨要到,水变地要闹。

不少大地震震前数小时至数分钟,少数在震前几天,会产生地声从地下传出。有的如飞机的"嗡嗡"声;有的似狂风呼啸;有的像汽车驶过;有的宛如远处闷雷;有的恰似开山放炮。按灾区群众经验说根据地声的特点,能够判断出地震的大小和震中的方向,"大地震声发沉,小地震声音发尖;响的声音长,地震在远方;响的声音短,地震在近旁。"

2. 防范与应急

(1)地震发生前的避灾措施

家中应准备救急箱及灭火器,需留意灭火器的有效期限,并告知家人所储放的地方,了解使用方法。

知道煤气、自来水及电源安全阀如何开关。

家中高悬的物品应该绑牢,橱柜门窗宜锁紧。

重物不要放在高架上,拴牢笨重家具。

在任何地点都要了解所处的环境,并注意逃生路线。平时需做事发的演习。

若家人分散了,决定好何时何地会面。

不要在地震过后就立刻使用电话。

若有家庭成员不会说汉语,替他们准备好书面的紧急卡,注明联络地址电话。

每半年与家人举行一次地震演习。

重要文件资料(例如银行账号等)做备份放在安全的储物盒中,置于其他城镇。

地震前先打电话给当地的红十字会或相关机构,询问紧急的避难所及救护机构在何地。

了解最近的公安局及消防队在何地。

替有价物品做照片或影片备份。

多准备一副眼镜及车钥匙摆在手边,准备一些现金及零钱在身边,以免停电时无法使用提款机。

事先找好家中安全避难处。

(2)地震发生后的避灾自救措施

查看周围的人是否受伤,如有必要,予以急救,或协助伤员就医。

检查家中水、电、瓦斯管线有无损害,如发现瓦斯管有损,轻轻将门窗打开,立即离开并向有关部门报告。

打开收音机,收听紧急情况指示及灾情报导。

检查房屋结构受损情况,尽快离开受损建筑物。

尽可能穿着皮鞋、皮靴,以防震碎的玻璃及碎物弄伤腿脚。

保持救灾道路畅通,徒步避难。

听从紧急救援人员的指示疏散。

远离海滩、港口以防海啸的侵袭。

地震灾区,除非经过许可,请勿进入,并应严防歹徒趁机掠夺。

注意余震的发生。

(3)地震避灾自救口诀

大震来时有预兆,地声地光地颤摇,虽然短短几十秒,做出判断最重要。

高层楼撤下,电梯不可搭,万一断电了,欲速则不达。

平房避震有讲究,是跑是留两可求,因地制宜做决断,错过时机诸事休。

次生灾害危害大,需要尽量预防它,电源燃气是隐患,震时及时关上闸。

强震颠簸站立难,就近躲避最明见,床下桌下小开间,伏而待定保安全。

震时火灾易发生,伏在地上要镇静,沾湿毛巾口鼻捂,弯腰匍匐逆风行。

震时开车太可怕,感觉有震快停下,赶紧就地来躲避,千万别在高桥下。

震后别急往家跑,余震发生不可少,万一赶上强余震,加重伤害受不了。

二、洪涝

1. 洪涝的成因

自古以来,洪涝灾害一直是困扰人类社会发展的自然灾害。我国有文字记载的第一页就是劳动人民和洪水斗争的光辉画卷——大禹治水。时至今日,洪涝依然是对人类影响最大的灾害。

洪涝灾害具有双重属性,既有自然属性,又有社会经济属性。它的形成必须具备两方面条件:第一,自然条件:洪水是形成洪水灾害的直接原因。只有当洪水自然变异强度达到一定标准,才可能出现灾害。主要影响因素有地理位置、气候条件和地形地势。第二,社会经济条件:只有当洪水发生在有人类活动的地方才能成灾。受洪水威胁最大的地区往往是江河中下游地区,而中下游地区因其水源丰富、土地平坦又常常是经济发达地区。

2. 洪涝的防治

洪涝灾害的防治工作包括两个方面:一方面减少洪涝灾害发生的可能性;另一方面尽可能使已发生的洪涝灾害的损失降到最低。

加强堤防建设、河道整治以及水库工程建设是避免洪涝灾害的直接措施,长期持久地推行水土保持可以从根本上减少发生洪涝的机会。

切实做好洪水、天气的科学预报与滞洪区的合理规划可以减轻洪涝灾害的损失。建立防汛抢险的应急体系,是减轻灾害损失的最后措施。

3. 洪涝中的自救与逃生

(1)不要惊慌,冷静观察水势和地势,然后迅速向附近的高地、楼房转移。如洪水来势很猛,就近无高地、楼房可避,可抓住有浮力的物品如木盆、木椅、木板等。必要时爬上高树也可暂避。

(2)切记不要爬到土坯房的屋顶,这些房屋浸水后容易倒塌。

(3)为防止洪水涌入室内,最好用装满沙子、泥土和碎石的沙袋堵住大门下面的所有空隙。如预料洪水还要上涨,窗台外也要堆上沙袋。

（4）如洪水持续上涨，应注意在自己暂时栖身的地方储备一些食物、饮用水、保暖衣物和烧水用具。

（5）如水灾严重，所在之处已不安全，应考虑自制木筏逃生。床板、门板、箱子等都可用来制作木筏，划桨也必不可少。也可考虑使用一些废弃轮胎的内胎制成简易救生圈。逃生前要多收集些食物、发信号用具（如哨子、手电筒、颜色鲜艳的旗帜或床单等）。

（6）如洪水没有漫过头顶，且周边树木比较密集，可考虑用绳子逃生。找一根比较结实且足够长的绳子（也可用床单、被单等撕开替代），先把绳子的一端拴在屋内较牢固的地方，然后牵着绳子走向最近的一棵树，把绳子在树上绕若干圈后再走向下一棵树，如此重复，逐渐转移到地势较高的地方。

（7）离开房屋逃生前，多吃些高热量食物，如巧克力、糖、甜点等，并喝些热饮料，以增强体力。注意关掉煤气阀、电源总开关。如时间允许，可将贵重物品用毛毯卷好，藏在柜子里。出门时关好房门，以免家产随水漂走。

三、台风

1. 台风的成因

台风是发生在北太平洋西部热带洋面上的一种很猛烈的大风暴。这种热带气旋在中国称台风，在美洲被叫做飓风，在南亚则称旋风。在海洋的某些区域里面，由于海水被太阳晒得很热，海面上的空气就向高空直升，这时在它周围较冷的空气乘势补缺，一齐朝中心流动，由于地球自转，使空气成反时针方向剧烈旋转。它一边旋转，一边朝西或者西北方向移动，越转越快，越转越大。台风中心就是这个旋转空气区域的最中心，它的气压极低，风力很微弱。其中心范围大约为直径 10 公里的圆面积内。但在中心区域外，它的风力就大了。"台风边缘"是指靠台风外缘风力达到六级的区域。台风造成的灾害以狂风和暴雨最为显著，有时会使海水倒灌。台风中心附近风力经常在十级以上，并有暴雨，在海洋上能掀起山岳般的巨浪。

2. 台风预警信号

一旦台风来临，受台风影响地区的气象部门会及时发布台风预警信号，提醒有关单位和人员做好防范准备。台风预警信号从低至高共分为蓝、黄、橙、红四级。

台风蓝色预警信号：24 小时内可能受热带气旋影响，平均风力可达 6 级以上，或阵风 7 级以上；或者已经受热带气旋影响，平均风力为 6 至 7 级，或阵风 7 至 8 级并可能持续。

台风黄色预警信号：24 小时内可能受热带气旋影响，平均风力可达 8 级以上，或阵风 9 级以上；或者已经受热带气旋影响，平均风力为 8 至 9 级，或阵风 9 至 10 级并可能持续。

台风橙色预警信号：12 小时内可能受热带气旋影响，平均风力可达 10 级以上，或阵风 11 级以上；或者已经受热带气旋影响，平均风力为 10 至 11 级，或阵风 11 至 12 级并可能持续。

台风红色预警信号：6小时内可能已经受热带气旋影响，平均风力可达12级以上，或者已达12级以上并可能持续。

另外，气象部门根据编号热带气旋的强度和登陆时间、影响程度分别发布消息、警报和紧急警报。当远离或尚未影响到预报责任区时，根据需要可以发布"消息"，报道编号热带气旋的情况，警报解除时也可用"消息"方式发布；发布"警报"是指：预计未来48小时内将影响本责任区的沿海地区或登陆时发布警报；发布"紧急警报"是指：预计未来24小时内将影响本责任区的沿海地区或登陆时发布紧急警报。

3. 防范与应急

(1)气象台根据台风可能产生的影响，在预报时采用"消息"、"警报"和"紧急警报"三种形式向社会发布；同时，按台风可能造成的影响程度，从轻到重向社会发布蓝、黄、橙、红四色台风预警信号。公众应密切关注媒体有关台风的报道，及时采取预防措施。

(2)台风来临前，应准备好手电筒、收音机、食物、饮用水及常用药品等，以备急需。

(3)关好门窗，检查门窗是否坚固；取下悬挂的东西；检查电路、炉火、煤气等设施是否安全。

(4)将养在室外的动植物及其他物品移至室内，特别是要将楼顶的杂物搬进来；室外易被吹动的东西要加固。

(5)不要去台风经过的地区旅游，更不要在台风影响期间到海滩游泳或驾船出海。

(6)住在低洼地区和危房中的人员要及时转移到安全住所。

(7)及时清理排水管道，保持排水畅通。

(8)有关部门要做好户外广告牌的加固；建筑工地要做好临时用房的加固，并整理、堆放好建筑器材和工具；园林部门要加固城区的行道树。

(9)遇到危险时，请拨打当地政府的防灾电话求救。

四、泥石流

1. 泥石流的成因

泥石流是介于流水与滑坡之间的一种地质作用。典型的泥石流由悬浮着粗大固体碎屑物并富含粉砂及黏土的黏稠泥浆组成。在适当的地形条件下，大量的水体浸透山坡或沟床中的固体堆积物质，使其稳定性降低，饱含水分的固体堆积物质在自身重力作用下发生运动，形成泥石流。泥石流是一种灾害性的地质现象。泥石流经常突然爆发，来势凶猛，可携带巨大的石块，并以高速前进，具有强大的能量，因而破坏性极大。泥石流所到之处，一切尽被摧毁。

2. 防范与应急

(1)减轻泥石流灾害应以防护、避让为主。

保护环境，有计划地整治江河与山沟，封山育林，退耕还林，固结表土，保持水土，使泥石流不具备产生的条件。

在泥石流发育分布区，工矿、村镇、铁路、公路、桥梁、水库的选址、旅游开发等一定要在查明泥石流沟谷及其危害状况的情况下进行,尽量避开造成直接危害的地区与地段。

兴建为保护危害对象免遭破坏而采取的防护、排导、拦挡及跨越等工程设施。

（2）保持警惕,及时转移

前往山区沟谷时,一定要事先了解当地的近期天气实况和未来

数日的天气预报及地质灾害气象预报。应尽量避免大雨天或连续阴雨天前往这些地区。如恰逢恶劣天气,宁可蒙受经济损失、调整外出路线,也不可贸然前往。

正确判断泥石流的发生时间,及时防范。坡度较陡或坡体成孤立山嘴或为凹形陡坡、坡体上有明显的裂缝、坡体前部存在临空空间,或有崩塌物,这说明曾经发生过滑坡或崩塌,今后还可能再次发生;河流突然断流或水势突然加大,并夹有较多柴草、树木,深谷或沟内传来类似火车的轰鸣或闷雷般的声音,沟谷深处突然变得昏暗,还有轻微震动感,这些迹象都能确认沟谷上游已发生泥石流。

（3）采取正确的逃生方法

泥石流发生时,选择最短最安全的路径向沟谷两侧山坡或高地跑,切忌顺着泥石流前进方向奔跑;不要停留在坡度大,土层厚的凹处;不要上树躲避,因泥石流可扫除沿途一切植物;避开河（沟）道弯曲的凹岸或地方狭小高度又低的凸岸;不要躲在陡峻山体下,防止坡面泥石流,或崩塌的发生;长时间降雨或暴雨渐小之后或雨刚停,不能马上返回危险区,泥石流常滞后于降雨暴发;白天降雨较多后,晚上或夜间密切注意雨情,最好提前转移、撤离;人们在山区沟谷中游玩时,切忌在沟道处或沟内的低平处搭建宿营棚。游客切忌在危岩附近停留,不能在凹形陡坡危岩突出的地方避雨、休息和穿行,不能攀登危岩。

五、雷击

1. 雷击的成因

引起雷击的原因很多,主要与上升气流有很大关系。夏天地面受到太阳照射变热,地面水分蒸发,水蒸气向上升,遇到上空的冷空气,变为冰粒。这些冰粒会带电,正电的冰粒会与负电的冰粒互相撞击,发出极大的声响,这即是打雷。打雷会引起雷击,太平洋沿岸,6月到9月正午到傍晚,常发生雷击。

预知打雷和雷击很重要。如果看到天空积雨云变大变黑,就要想办法到安全地方躲一躲。如果带小型收音机,收听广播时,有刺耳的杂音,即表示附近有雷云。如果忽然下大颗雨滴,也是要打雷的表现。

2. 防范与应急

有雷击发生时,我们可以采取以下措施加强自我保护:

（1）远离建筑物的避雷针及其接地引下线,这样做是为了防止雷电反击和跨步电压伤人。

（2）远离各种天线、电线杆、高塔、烟囱、旗杆,如有条件,应进入有防雷设施的建筑物或金属壳的汽车、船只,但帆布的篷车、拖拉机、摩托车等在雷雨发生时是比较危险的,应尽快远离。

（3）尽量离开山丘、海滨、河边、池塘边,尽量离开孤立的树木和没有防雷装置的孤立建筑物,铁围栏、铁丝网、金属晒衣绳等也很危险。

（4）雷雨天气尽量不要在旷野行走,外出时应穿塑料材质等不浸水的雨衣,不要骑在牲畜上或自行车上行走,不要用金属杆的雨伞,不要把带有金属杆的工具如铁锹、锄头扛在肩上。

（5）人在遭受雷击前,会突然有头发竖起或皮肤颤动的感觉,这时应立刻躺倒在地,或选择低洼处蹲下,双脚并拢,双臂抱膝,头部下俯,尽量降低自身位势、缩小暴露面。

（6）如果雷雨天气呆在室内,并不表示万事大吉,必须关好门窗,防止球形雷窜入室内造成危害;把电视机室外天线在雷雨天与电视机脱离,而与接地线连接;尽量停止使用电器,拔掉电源插头;不要打电话和手机;不要靠近室内金属设备（如暖气片、自来水管、下水管）;不要靠近潮湿的墙壁。

当碰到有人遭雷击时,可采取以下措施:

（1）人体在遭受雷击后,往往会出现"假死"状态,此时应采取紧急措施进行抢救。首先是进行人工呼吸,雷击后进行人工呼吸的时间越早,对伤者的身体恢复越好,因为人脑缺氧时间超过十几分钟就会有致命危险。

（2）应对伤者进行心脏按摩,并迅速通知医院进行抢救处理。

（3）如果伤者遭受雷击后引起衣服着火,此时应马上让伤者躺下,以使火焰不致烧伤面部,并往伤者身上泼水,或者用厚外衣、毯子等把伤者裹住,以扑灭火焰。

六、沙尘暴

1. 我国沙尘暴的沙源及路径

每年冬春影响我国的沙尘暴源区有境外源区和境内源区两大类。境外源区主要有蒙古国东南部戈壁荒漠区和哈萨克斯坦东部沙漠区。蒙古国和哈萨克斯坦荒漠的沙尘暴,最远的能经中国北部广大地区,并将大量沙尘通过在太平洋上空的大气环流一直传送到北美洲。

我国境内源区主要有内蒙古东部的苏尼特盆地或浑善达克沙地中西部、阿拉善盟中蒙边境地区（巴丹吉林沙漠）、新疆南疆的塔克拉玛干沙漠和北疆的库尔班通古特沙漠。很多情况下境内境外界限不会泾渭分明,当沙尘暴自境外发生并进入中国时,上述境内源区则成为加强源区,使空气中沙尘浓度急剧上升,造成严重的大气颗粒物污染。强风经过,一路上不断有当地的沙尘加入,沙尘暴的范围、规模和强度持续增大。有时沙尘暴源发地规模并不大,含沙量并不高,但一路移动,因地形地貌、气温气候、植被等原因,沙尘暴很快得到加强,造成很大的环境灾害。

沙尘暴发生后,大致分三路或更多向京津地区移动。北路从二连浩特、浑善达克沙地西部、朱日和地区开始,经四子王旗、化德、张北、张家口、宣化等地到达京津。西北路从内蒙古的阿拉善的中蒙边境、乌特拉、河西走廊等地区开始,经贺兰山地区、毛乌素沙地或乌兰布和沙漠、呼和浩特、大同、张家口等地,到达京津。西路从哈密或芒崖开始,经河西走廊、银川或西安、大同或太原等地,到达京津,据专家调查,来自这一路线的沙尘暴,可以一路抵达长江中下游地区。

2. 沙尘暴的危害

(1)沙尘暴经常造成四种危害。一是大风摧毁建筑物和公路桥梁、树木和房屋、诱发火灾、引起人畜伤亡,沙尘暴还能造成各种交通事故和飞机(火车)停飞(停运);二是风沙掩埋农田、灌渠、村舍、铁路、草场等;三是严重污染环境。据分析,沙尘暴所经过的城市空气质量会恶化2到5倍,甚至瞬间可达到数十倍。浑浊的空气对人体健康构成严重威胁,诱发过敏性疾病、流行病及传染病;四是风蚀危害刮走农田表层沃土和农作物,加剧土壤风蚀和沙漠化发展,覆盖在植物叶面上厚厚的沙尘还影响正常的光合作用,造成作物减产。一次强沙尘暴天气造成的经济损失和人员伤亡,往往不亚于甚至超过我国南方地区一次大暴雨过程或者一个登陆台风的灾害。因此有人将沙尘暴称为陆地"台风"。

(2)沙漠化的危害

有资料表明,土地沙化正急剧缩减着我们可以有效利用的国土。许多地方因沙漠化趋势导致土地退化,土壤结构破坏,土壤养分流失。而土壤肥力的自然恢复需要数十年、数百年,甚至数千年时间。如果用人为措施恢复土壤的肥力,需要的投入量难以计算。

沙漠化对农业的危害特别大。每年4到5月正是春播季节,在沙漠化地区,往往是种子和肥料被吹走,幼苗被连根拔出,土壤水分散失,禾苗被吹干致死或被掩埋。有的地方要反复补救,甚至误了农时。

沙漠化引起的草场退化,使适于牲畜食用的优势草种逐渐减少,甚至完全丧失。牧草变得低矮、稀疏,产量明显降低,草场载畜能力大为下降。

沙漠化造成河流、水库、水渠堵塞。黄河年均输沙16亿吨,其中就有12亿吨来自沙漠化地区。全国每年大约有5万多公里的灌渠常年受风沙危害。

沙漠化在一些地区造成铁路路基、桥梁、涵洞损坏,使公路路基、路面积沙,迫使公路交通中断,甚至使公路废弃。沙漠化导致的沙尘天气,影响飞机正常起飞和降落。

风沙活动破坏通讯、输电线路和设施,由此产生的灾害威胁居民安全。

根据监测,我国城市空气污染物主要是微小颗粒物,这与沙漠化密切相关。沙尘污染着广大地区人民的生产生活环境,影响了人民健康。

沙漠化加深了贫困程度,扩大了地区差距。据调查,全国农村人口的四分之一生活在沙漠化地区,其人均农业产值仅为全国平均水平的34.2%,是东部地区的五分之一。沙漠化地区贫困程度加剧,发展差距扩大,有的地方已经喊出"要生存就要治沙"的口号。

3. 防范与应急

要减轻和防御沙尘暴危害,除了平时注意收听气象台站"沙尘暴预报警报"信息,提前做好各项安全防御措施外,一旦遇到沙尘暴天气时,应当采取以下四种途径进行科学防范。

(1)学校、幼儿园等单位要立即让学生进入室内,关闭门窗。户外活动人员要尽量弯腰行走,迅速远离水渠、河岸、高压线、水井、吊车和大型广告牌等危险地段,到安全的地方躲避。

(2)如果来不及躲避时,要保持镇静,千万不要惊慌,采取顺着风向趴地,双手抓住坚固物体,将头部放于双臂中间等自我保护措施,减少沙尘对眼睛、呼吸道等造成损伤。

(3)电力、通讯部门要注意安全保护,汽车、火车应当减速行驶或者停运,飞机停飞。

(4)停止露天建筑等高空作业,对晾晒的物品进行覆盖保护。

(5)千方百计做好抢险救灾和灾后重建等工作,将沙尘暴造成的损失减少到最低程度。

七、冰雹

1. 冰雹的危害

冰雹于夏季或春夏之交最为常见,它是一些小如绿豆、黄豆,大似栗子、鸡蛋的冰粒,特大的冰雹比柚子还大。我国除广东、湖南、湖北、福建、江西等省冰雹较少外,各地每年都会受到不同程度的雹灾,尤其是北方的山区及丘陵地区,地形复杂,天气多变,冰雹多,受害重,对农业危害很大,猛烈的冰雹打毁庄稼,损坏房屋,人被砸伤、牲畜被打死的情况也常常发生。因此,冰雹是我国严重灾害之一。

冰雹对农业的影响是巨大的,每年的夏秋季节是我国雹灾发生次数最多的时段。冰雹的危害最主要表现在冰雹从高空急速落下,发展和移动速度较快,冲击力大,再加上猛烈的暴风雨,使其摧毁力得到加强,经常让农民猝不及防,直接威胁人畜生命安全,有的还导致地面的人员伤亡。直径较大的冰雹会给正在开花结果的果树、玉米、蔬菜等农作物造成毁灭性的破坏,造成粮田的颗粒无收,直接影响到对城市的季节供应,常年使丰收在望的农作物在顷刻之间化为乌有,同时还可毁坏居民房屋。

2. 预防雹灾的方法

预报冰雹,大都是利用地面的气象资料和探空资料,参照当天的天气情况,寻找可靠的预报指标。我国劳动人民在长期与大自然斗争中,根据对云中声、光、电现象的仔细观察,在认识冰雹的活动规律方面积累了丰富的经验。例如,根据雷雨云和冰雹云中雷电的不同特点,有"拉磨雷,雹一堆"的说法;各地群众还观察到,冰雹来临以前,云内翻腾滚动十分厉害。有些地方把这种现象叫"云打架"。常常是两块或几块浓积云相对运动后合并而加强发展,往往有利的地形条件也加强了这种"云打架"的气流汇合。另外,在冰雹云来临时,天空常常显出红黄颜色。冰雹云底部是黑色或灰色,云体带杏黄色。有些地方有"地潮天黄,禾苗提防"(防冰雹)的说法。

识别冰雹云最有力的工具是雷达,利用雷达可以定量地观测到云的高度、云的厚度、云的雷达回波强度等特征量,可以连续地监视云的移动及其结构变化,找出一些经验指标,使我们有把握地识别一块云会不会下冰雹。准确的冰雹预报,对于在降雹前积极采取防护措施有重要意义。在做好冰雹预报、识别冰雹云并密切监视冰雹云的同时,要充分做好防雹准备。

目前使用的防雹方法有两种:一种是爆炸方法;另一种是催化方法。

我国目前主要使用爆炸方法。过去,防雹的主要工具是土炮,炮中装几两火药,没有炮弹。近年来,各地普遍采用和推广了空炸炮和土迫击炮,可发射至 300～1000 米高度。这种炮造价低、爆炸力强,深受群众欢迎,也有些地区制造了各种类型的火箭,也使用了高射炮,可以射到几千米高空。爆炸为什么能防雹呢? 有人认为爆炸时产生的冲击波能影响冰雹云的气流,或使冰雹云改变移动方向。有的人认为是爆炸冲击波使过冷的水滴冻结,从而抑制冰粒增长,而小冰雹很容易化为雨,这样就收到了防雹的效果,但是究竟爆炸为什么能防雹,目前还没有确切的答案。

第二种防雹方法是化学催化方法。利用火箭或高射炮把带有催化药剂(碘化银)的弹头射入冰雹云的过冷却区,药物的微粒起了冰核作用。过多的冰核分"食"过冷水而不让雹粒长大或拖延冰雹的增长时间。

八、雪灾

1. 雪灾的危害

雪灾的主要危害有:严重影响甚至破坏交通、通讯、输电线路等生命线工程,对牧民的生命安全和生活造成威胁,引起牲畜死亡,导致畜牧业减产。雪灾主要发生在稳定积雪地区和不稳定积雪山区,偶尔出现在瞬时积雪地区。

2. 雪灾预警信号

雪灾预警信号分三级,分别以黄色、橙色、红色表示。

(1)雪灾黄色预警信号

12 小时内可能出现有影响的降雪。

防御指南:

①相关部门做好防雪准备:公安、交通、电力、通信、供水、农林、医疗、教育等检查,熟悉应急预案;

②建议交通部门做好道路融雪准备,增加交警,学校视情况准备发停课通知;

③农林作物要做好枝叶积雪防御,农林部门指导提前抢收,增温措施等。建筑物进行加固,防止坍塌。

(2)雪灾橙色预警信号 6 小时内可能出现有较大影响的降雪,或者已经出现有较大影响的降雪并可能持续。

防御指南:

①相关部门做好道路清扫和积雪融化工作;交警增加;驾驶人员小心驾驶,保证安全;

②老人、小孩减少外出,留在家中;学校视情况准备停课,企业单位准备停业;

③农林作物要做好枝叶积雪防御,农林部门指导提前抢收,增温措施等。建筑物进行加固,防止坍塌;

④有关单位注意后期冰冻情况。其他同雪灾黄色预警信号。

(3)雪灾红色预警信号

2 小时内可能出现有很大影响的降雪,或者已经出现有很大影响的降雪并可能持续。

防御指南：

①交通必要时关闭道路交通；市民及车辆减少出行；公交班车可视情停开；

②相关应急处置部门随时准备启动应急方案；

③做好对农林区的救灾救济工作；医疗加强抢救。其他同雪灾橙色预警信号。

3. 雪灾的应对办法

(1)尽量待在室内，不要外出。

(2)如果在室外，要远离广告牌、临时搭建物和老树，避免砸伤。路过桥下、屋檐等处时，要小心观察或绕道通过，以免因冰凌融化脱落伤人。

(3)非机动车应给轮胎少量放气，以增加轮胎与路面的摩擦力。

(4)要听从交通民警指挥，服从交通疏导安排。

(5)注意收听天气预报和交通信息，避免因机场、高速公路、轮渡码头等停航或封闭而耽误出行。

(6)驾驶汽车时要慢速行驶并与前车保持距离。车辆拐弯前要提前减速，避免踩急刹车。安装防滑链，佩戴色镜。

(7)出现交通事故后，应在现场后方设置明显标志，以防连环撞车事故发生。

(8)如果发生断电事故，要及时报告电力部门迅速处理。

(9)在野外时，若已埋在雪内、自己意识清醒时，要迅速辨识体位，让口水流出；如流向两侧为侧卧位，流向鼻子为倒立位，流向下巴为站立位，向下流为俯卧位。应设法使身体处于站立位的姿态，头顶向前，用手等全身力量冲出新积雪层表面。

(10)如果不能从雪堆中爬出，要减少活动，放慢呼吸，节省体能。据奥地利英斯布鲁克大学最新研究报告，75％的人在雪埋后35分钟死亡，被埋130分钟后获救成功的只有3％，所以要尽可能自救，冲出雪层。

九、案例警示

案例一

沙尘暴备忘录

▲沙漠化：包括气候变异和人类活动在内的种种因素造成的干旱、半干旱和亚湿润干旱的土地退化。

▲沙漠化的术语，首先出现于1949年，是由法国人A·Aubreville提出。

▲20世纪50年代，联合国教科文组织出版了世界第一套干旱地带百科全书。

▲20世纪60年代，非洲大旱灾的严重性震惊了世界，终于意识到了携手合作向沙漠化斗争的重要性。

▲一次特强沙尘暴造成的灾害损失不亚于中等强度的地震。

▲地球上三分之一多的土地如今都出现了土壤退化，大约十亿人口在与其后果做着斗争。据估计，每年全球要无可挽回地失去能产出240亿吨粮食的肥沃土地——这相当于美国农业用地的面积。每年全球有荒漠化造成的收入损失据估计高达420亿美元。

▲美国中部大平原在欧洲人定居以前仅是野牛、羚羊等野生动物生息之地和印第安人

狩猎之区,土地利用与自然环境协调。19世纪末大批农民首次进入该地区,开始了大规模的农业开发,天然草场被翻耕,风蚀过程逐渐加剧。30年代初期,已导致局部的沙尘暴频繁发生,流沙掩埋农田,危害基本生活环境,引起许多农民不得不迁出大平原。沙尘暴的危害到1934年5月达到了最严重的程度,半个美国被铺上了一层沙尘,仅芝加哥在5月12日的沙尘暴积尘就达1200万吨。人们将这一时期称作"肮脏的30年代黑风暴"。

▲1963年在前苏联中部过度农垦的草原黑土地带重演了美国30年代的"黑风暴"过程,结果是300万公顷土地绝收,其他农田作物单产只有普通年份10%～20%,整个区域的农耕系统崩溃。

▲中国北方在人类历史时期形成的沙漠化土地约1200万公顷,而20世纪后半叶形成的现代沙漠化土地即达到500万公顷,二者共计1700万公顷,另有潜在沙漠化土地1580万公顷。近50年形成的沙漠化土地占到历史时期沙漠化土地面积的近30%,年发展速度为历史时期的5倍多。

案例二

北京突降冰雹

2006年6月30日18:10至19:30,北京市平谷区部分地区遭受强烈风雹袭击,瞬时风力达到11级以上,持续时间15～30分钟;冰雹直径约1～5厘米,持续时间5～10分钟。强风雹造成平谷区的10个乡镇的89个村庄、街道,种植业受灾面积达到18万亩,其中1.8万亩绝收,全区造成直接经济损失1.7亿元。

7月5日下午4时左右,一场夹着冰雹的短时雷阵雨袭击了包括亦庄在内的大兴区东北部以及通州的部分地区,使得这一区域内的车辆、建筑遭到了不同程度的损坏。冰雹将停在单位内的汽车挡风玻璃砸得粉碎,还有几辆车前机器盖和车顶棚被砸出了大坑。亦庄永昌南路17号的厂房被冰雹及大雨砸漏,破损的顶棚面积有十几平方米,水顺着"窟窿"灌了进来,将厂房内几百平方米的木板全部浸泡了,灌进的水有十几厘米深。

气象研究成果表明:北京地区平均每年29个降雹日,全年最少降雹日为7个,1978年最多达54个。冰雹天气的产生条件不仅取决于气象条件,同时受地理条件影响很大。北京有4个多雹区:延庆山区的佛爷顶是北京地区降雹最多和降雹范围最大的地区,年平均降雹日数达14.1天;密云是北京地区降雹多发地区,平均降雹日数达9.6天;怀柔年平均降雹日数达9.3天;门头沟山区年平均降雹日数达7.3天。一般发生在山区、半山区,大范围的冰雹全年仅有3起左右,城区平均仅有1.1起。北京每年的冰雹有两个高峰期,分别是6月和8月下旬。

案例三

内蒙古中东部地区遭受严重雪灾

2005年入冬以来的多次连续降雪,使内蒙古自治区中东部地区的19个旗县市发生了严重雪灾,给当地牧业生产和牧民生活造成了极大的危害。

据介绍,灾区主要集中在锡林郭勒盟、兴安盟、呼伦贝尔盟、赤峰市和通辽市的草原地区,目前受灾人口已达到近65.77万人,受灾草牧场2.96亿亩,受灾牲畜1619.5万头(只),因灾死亡牲畜1.66万头(只),因灾死亡1人。

其中,雪灾最严重的是锡林郭勒盟,其境内有 10 个旗县的 18.27 万人遭受了雪灾。入冬以来,这里普降 10 余次大雪,积雪普遍厚度达 17 至 24 厘米,最深达 37 厘米。更糟糕的是,元旦期间,这里还较大范围地发生了暴风雪加沙尘天气,最大能见度不超过 50 米,风力最大时达到 8 级。它不仅加大了暴风雪的危害程度,而且还给救灾工作增加了更多的困难。

据内蒙古气象局的一位工程师介绍,这种暴风雪加沙尘的异常天气,是内蒙古地区近 40 年来的第一次出现,有关气象专家正对其成因进行调查研究。

雪灾发生后,内蒙古自治区政府及灾区的当地政府已立即组织开展了救灾工作,一批批救灾物资已源源不断地运往灾区,北京市也积极伸出援助之手,向内蒙古灾区捐献了大批救灾物资。目前,灾区人心稳定,社会秩序良好。

案例四

国际减灾日简介

1987 年 12 月,第 42 届联合国大会通过第 169 号决议,决定把从 1990 年开始的 20 世纪的最后十年定为"国际减灾十年"。1989 年 12 月第 44 届联合国大会经济及社会理事会关于"国际减灾十年"决议,指定每年 10 月的第二个星期三为"国际减灾日",并从实现"国际减灾十年"目标的方式开展有关活动。"国际减灾十年"活动结束后,第 54 届联合国大会于 1999 年 11 月通过决议,从 2000 年开始,在全球范围内开展"国际减灾战略"行动,将减灾作为一项长期的、战略性的行动开展下去,并继续开展"国际减灾日"活动。

☆ 历年国际减灾日主题

1991 年,减灾、发展、环境——为了一个目标

1992 年,减轻自然灾害与持续发展

1993 年,减轻自然灾害的损失,要特别注意学校和医院

1994 年,确定受灾害威胁的地区和易受灾害损失的地区——为了更加安全的 21 世纪

1995 年,妇女和儿童——预防的关键

1996 年,城市化与灾害

1997 年,水:太多、太少——都会造成自然灾害

1998 年,防灾与媒体

1999 年,减灾的效益——科学技术在灾害防御中保护了生命和财产安全

2000 年,防灾、教育和青年——特别关注森林火灾

2001 年,抵御灾害,减轻易损性

2002 年,山区减灾与可持续发展

2003 年,与灾害共存——面对灾害,更加关注可持续发展

2004 年,总结今日经验、减轻未来灾害

2005 年,利用小额贷款和保险手段增强抗灾能力

2006 年,减灾始于学校

2007 年,防灾、教育和青年

2008 年,减少灾害风险 确保医院安全

2009 年,让灾害远离医院

2010 年,建设具有抗灾能力的城市:让我们做好准备

2011 年,让儿童和青年成为减少灾害风险的合作伙伴

思考题

1. 发生地震时,该如何避震?

2. 怎样预防雷击?

3. 洪水中如何逃生?

第十章　急救技能

达标要求：了解普通急救常识，学会具体救生办法，掌握运用人工呼吸的基本要领，熟悉止血的处理、外伤的包扎、烧烫伤、休克等急救知识，掌握中暑急救、蛰咬伤等基本技巧。

一、止血与包扎

1. 止血

现场止血术常用的有五种，使用时可根据具体情况，选用其中的一种，或把几种止血法结合一起应用，以达到最快、最有效、最安全的止血目的。

（1）指压动脉止血法。适用于头部和四肢某些部位的大出血。方法为用手指压迫伤口近心端动脉，将动脉压向深部的骨头，阻断血液流通。这是一种不要任何器械、简便、有效的止血方法，但因为止血时间短暂，常需要与其他方法结合进行。

（2）直接压迫止血法。适用于较小伤口的出血。用无菌纱布直接压迫伤口处，压迫约10分钟。

（3）加压包扎止血法。适用于各种伤口，是一种比较可靠的非手术止血法。先用无菌纱布覆盖压迫伤口，再用三角巾或绷带用力包扎，包扎范围应该比伤口稍大。这是一种目前最常用的止血方法，在没有无菌纱布时，可用消毒卫生巾、餐巾等替代。

（4）填塞止血法。适用于颈部和臀部较大而深的伤口；先用镊子夹住无菌纱布塞入伤口内，如一块纱布止不住出血，可再加纱布，最后用绷带或三角巾绕颈部至对侧臂根部包扎固定。

（5）止血带止血法。止血带止血法只适用于四肢大出血，当其他止血法不能止血时才用此法。

使用止血带的注意事项：①部位：上臂外伤大出血应扎在上臂上1/3处，前臂或手大出血应扎在上臂下1/3处，不能扎在上臂中1/3处，因该处神经走行贴近肱骨，易被损伤。下股外伤大出血应扎在股骨中下1/3交界处。②衬垫：使用止血带的部位应该有衬垫，否则会损伤皮肤。止血带可扎在衣服外面，把衣服当衬垫。③松紧度：应以出血停止、远端摸不到脉搏为合适。过松达不到止血目的，过紧会损伤组织。④时间：一般不应超过5小时，原则上每小时要放松1次，放松时间为1~2分钟。⑤标记：使用止血带者应有明显标记贴在前额或胸前易发现部位，写明时间。如立即送往医院，可以不写标记，但必须当面向值班人员说明扎止血带的时间和部位。

2. 包扎

伤口包扎在急救中应用范围较广，可起到保护创面、固定敷料、防止污染和止血、止痛作用，有利于伤口早期愈合。包扎应做到动作轻巧，不要碰撞伤口，以免增加出血量和疼痛。接触伤口面的敷料必须保持无菌，以免增加伤口感染的机会；包扎要快且牢靠，松紧度要适宜，打结避开伤口和不宜压迫的部位。

（1）包扎材料。一是三角巾。用边长为1米的正方形白布或纱布，将其对角剪开即分成两块三角巾。为了方便不同部位的包扎，可将三角巾折叠成带状，称为带状三角巾，或将三角巾在顶角附近与底边中点折叠成燕尾式，称为燕尾式三角巾。二是袖带卷，也称绷带。

是用长条纱布制成,长度和宽度有多种规格。常用的有宽5厘米、长600厘米和宽8厘米、长600厘米两种。

(2)包扎方法。头部包扎:①三角巾帽式包扎:适用于头顶部外伤,先在伤口上覆盖无菌纱布(所有的伤口包扎前均先覆盖无菌纱布,以下不再重复),把三角巾底边的正中放在伤员眉间上部,顶角经头顶拉到枕部,将底边经耳上向后拉紧压住顶角,然后抓住两个底角在枕部交叉后回到额部中央打结。②三角巾面具式包扎:适用于颜面部外伤,把三角巾一折为二,顶角打结放在头正中,两手拉住底角罩住面部,然后双手持两底角拉向枕后交叉,最后在额前打结固定。可以在眼、鼻处提起三角巾,用剪刀剪洞开窗。③双眼三角巾包扎:适用于双眼外伤,将三角巾折叠成三指宽带状,中段放在头后枕骨上,两旁分别从耳上拉向眼前,在双眼之间交叉,再持两端分别从耳下拉向头后枕下部打结固定。④头部三角巾十字包扎:适用于下颌、耳部、前额、颞部小范围伤口,将三角巾折叠成三指宽带状放于下颌敷料处,两手持带巾两底角分别经耳部向上提,长的一端绕头顶与短的一端在颞部交叉成十字,然后两端水平环绕头部经额、颞、耳上、枕部,与另一端打结固定。

颈部包扎:适用于颈部外伤。①三角巾包扎:嘱伤员健侧手臂上举抱住头部,将三角巾折叠成带状,中段压紧覆盖的纱布,两端在健侧手臂根部打结固定。②绷带包扎:方法基本与三角巾包扎相同,只是改用绷带,环绕数周再打结。

胸、背、肩、腋下部包扎。①胸部三角巾包扎:适用于一侧胸部外伤将三角巾的顶角放于伤侧的肩上,使三角巾的底边正中位于伤部下侧,将底边两端绕下胸部至背后打结,然后将三角巾顶角的系带穿过三角底边与其固定打结。②背部三角巾包扎:适用于一侧背部外伤。方法与胸部包扎相似,只是前后相反。③侧胸部三角巾包扎:适用于单侧侧胸外伤,将燕尾式三角巾的夹角正对伤侧腋窝,双手持燕尾式底边的两端,紧压在伤口的敷料上,利用顶角系带环绕下胸部与另一端打结,再将两个燕尾角斜向上拉到对侧肩部打结。④肩部三角巾包扎:适用于一侧肩部外伤,将燕尾三角巾的夹角对着伤侧颈部,巾体紧压伤口的敷料上,燕尾底部包绕上臂根部打结,然后两个燕尾角分别经胸、背拉到对侧腋下打结固定。⑤腋下三角巾包扎:适用于一侧腋下外伤,将带状三角巾中段紧压腋下伤口敷料上,再将三角巾的两端向上提起,于同侧肩部交叉,最后分别经胸、背斜向对侧腋下打结固定。

腹部包扎。腹部三角巾包扎适用于腹部外伤,双手持三角巾两底角,将三角巾底边拉直放于胸腹部交界处,顶角置于会阴部,然后两底角绕至伤员腰部打结,最后顶角系带穿过会阴与底边打结固定。

四肢包扎。①臀部三角巾包扎:适用于臀部外伤,方法与侧胸外伤包扎相似。只是燕尾式三角巾的夹角对着伤侧腰部,紧压伤口敷料上,利用顶角系带环绕伤侧大腿根部与另一端打结,再将两个燕尾角斜向上拉到对侧腰部打结。②上肢、下肢绷带螺旋形包扎:适用于上、下股除关节部位以外的外伤,先在伤口敷料上用绷带环绕两圈,然后从胶体远端绕向近端,每缠一圈盖住前圈的1/3～1/2成螺旋状,最后剪掉多余的绷带,然后胶布固定。③八字肘、膝关节绷带包扎:适用于肘、膝关节及附近部位的外伤,先用绷带的一端在伤口的敷料上环绕两圈,然后斜向经过关节,绕肢体半圈再斜向经过关节,绕向原开始点相对应处,现绕半圈回到原处。进行反复缠绕,每缠绕一圈覆盖前圈的1/3～1/2,直到完全覆盖伤口。④手部三角巾包扎:适用于手外伤,将带状三角巾的中段紧贴手掌,将三角巾在手背交叉,三角巾的两端绕至手腕交叉,最后在手腕绕一周打结固定。⑤脚部三角巾包扎:方法与手包扎相似。⑥手部绷带包扎:方法与肘关节包扎相似,只是环绕腕关节八字包扎。⑦脚部绷带包扎:方法与膝关节相似,只是环绕踝关节八字包扎。

二、蜇咬伤的急救

1. 被蛇咬伤

毒蛇有毒牙和毒腺,头部大多为三角形,颈部较细,尾部较短粗,色斑较鲜艳,牙齿较长。被毒蛇咬伤的,一般可在患处发现有 2～4 个大而深的牙痕,局部疼痛。

被无毒蛇咬伤的,一般有两排"八"字形牙痕,小而浅,排列整齐,伤处无明显疼痛。对一时无法确定的,则应按毒蛇咬伤处理。

(1)立即就地自救或互救,千万不要惊慌、奔跑,那样会加快毒素的吸收和扩散。

(2)立即用皮带、布带、手帕、绳索等物在距离伤口 3～5 厘米的地方缚扎,以减缓毒素扩散速度。每隔20分种需放松 2～3 分钟,以避免肢体缺血坏死。

(3)用清水冲洗伤口,用生理盐水或高锰酸钾液冲洗更好。此时,如果发现有毒牙残留必须拔出。

(4)冲洗伤口后,用消过毒或清洁的刀片,连结两毒牙痕为中心做"十"字形切口,切口不宜太深,只要切至皮下能使毒液排出即可。

(5)有条件的话,可以用拔火罐或者吸乳器反复抽吸伤口,将毒液吸出。紧急时也可用嘴吸,但是吸的人必须口腔无破溃,吐出毒液后要充分漱口。吸完后,要将伤口温敷,以利毒液继续流出。

(6)可点燃火柴,烧灼伤口,破坏蛇毒。

(7)尽快食用各类蛇药,咬伤 24 小时后再用药无效。同时可用温开水或唾液将药片调成糊状,涂在伤口周围的 2 厘米处,伤口上不要包扎。

(8)经处理后,要立即送附近医院。

2. 被狗咬伤

被狗咬伤对人的危害较大,因为狗的牙齿生长着各种病菌和病毒,很容易通过伤口侵入人体,引发疾病,甚至造成伤风致人死亡。如果是被疯狗咬伤,还会由狂犬病毒引发狂犬病,狂犬病致人死亡率非常高,所以,被狗咬伤决不能轻视,必须采取紧急处理措施。

(1)一般情况下很难区别是否被疯狗咬伤,所以一旦被狗咬伤,都应按疯狗咬伤处理。

(2)被狗咬伤后,要立即处理伤口,首先在伤口上方扎止血带(可用手帕、绳索等代用),防止或减少病毒随血液流入全身。

(3)迅速用洁净的水或肥皂水对伤口进行流水清洗,彻底清洁伤口。对伤口不要包扎。

(4)迅速送往医院进行诊治,在 24 小时内注射狂犬病疫苗和破伤风抗毒素。

3. 被蜜蜂、黄蜂等蜇伤

蜂的种类很多,有蜜蜂、黄蜂和土蜂等,蜂有腹部末端有与毒腺相连的蜇刺,当蜇刺扎入人体时,可随之注入毒液将人体蜇伤,蜇伤后伤处会出现肿胀、水疱,局部剧痛或搔痒,甚至出现头痛、恶心、烦躁、发烧等症状。被蜂蜇伤可以采取如下做法:

(1)不要紧张、保持镇静。

(2)如有毒刺蜇入皮肤,先拔去毒刺。

(3)清洗伤口,最好用肥皂水、食盐水或糖水。

(4)被黄蜂蜇伤的,可以用食用醋涂在患处。

(5)可以将大蒜、生姜捣烂后取汁涂于患处。

(6)如有韭菜,可取少许,洗净捣烂成泥状涂在患处。

(7)症状比较严重的,应该赶快送往医院进行抢救。

三、中暑的急救

在高温(室温>35℃)或在强热辐射下从事长时间劳动,如无足够防暑降温措施,可发生中暑;在气温不太高而湿度较高和通风不良的环境下从事重体力劳动也可中暑。年老、体弱、营养不良、疲劳、肥胖、饮酒、饥饿、失水失盐、最近有过发热、穿紧身不透风衣裤、水土不服,及甲亢、糖尿病、心血管病、广泛皮肤损害、先天性汗腺缺乏症、震颤麻痹、智能低下者、应用阿托品等常为中暑诱因。此外,长期大剂量服用氯丙嗪的精神病患者在高温季节易中暑。

户外活动如何防止中暑呢?

(1)喝水。大量出汗后,要及时补充水分。外出活动,尤其是远足、爬山或去缺水的地方,一定要带充足的水。条件允许的话,还可以带些水果等解渴的食品。

(2)降温。外出活动前,应该做好防晒的准备,最好准备太阳伞、遮阳帽,着浅色透气性好的服装。外出活动时一旦有中暑的征兆,要立即采取措施,寻找阴凉通风之处,解开衣领,降低体温。

(3)备药。可以随身带一些仁丹、十滴水、霍香正气水等药品,以缓解轻度中暑引起的症状。如果中暑症状严重,应该立即送医院诊治。

四、休克的急救

休克是一种急性循环功能不全综合症。发生的主要原因是有效血循环量不足,引起全身组织和脏器血流灌注不良,导致组织缺血、缺氧、微循环瘀滞、代谢紊乱和脏器功能障碍等一系列病理生理改变。

休克病人表现为血压下降,心率增快,脉搏细弱,全身乏力,皮肤湿冷,面色苍白或静脉萎陷,尿量减少。休克开始时,病人意识尚清醒,如不及时抢救,则可能表现烦躁不安,反应迟钝,神志模糊,进入昏迷状态甚至导致死亡。

现场急救

(1)令病人平卧,下肢稍抬高,以利对大脑血流供应,但伴有心衰、肺水肿等情况出现时,应取半卧位。

(2)应注意保暖,保持呼吸道畅通,以防发生窒息。

(3)保持安静,避免随意搬动,以免增加心脏负担,使休克加重。

(4)如因过敏导致的休克,应尽快脱离致敏场所和致敏物质,并给予备用脱敏药物如扑尔敏片口服。

(5)有条件要立即吸氧,对于未昏迷的病人,应酌情给予含盐饮料(每升水含盐 3 克碳酸氢钠 1.5 克)。

值得特别注意的是,一旦发现病人出现休克时,应分秒必争打"120"台呼救,或送至就近医院抢救。因为一般情况下在院外完全治好病人的休克,可以说根本是不可能的。

五、晕厥的急救

晕厥亦称晕倒,由于脑部一过性血液不足或脑血管痉挛而发生暂时性知觉丧失现象,病人晕厥时会因知觉丧失而突然昏倒。在昏倒前常见周身发软无力,头晕,眼黑目眩,昏倒后,可见面色苍白或出冷汗,脉搏细弱,手足变凉等。轻度晕厥,经短时休息,即可清醒,醒后可有头痛、头晕、乏力等症状。

发生晕厥的原因常为血管神经性和心脑疾病引起两类,如疼痛恐惧、过度疲劳、饥饿、情绪紧张、气候闷热、体位突然改变等因素可诱发血管神经性晕厥。

心律失常、心肌梗塞、心肌炎、高血压、脑血管痉挛发作等疾病等也可导致晕厥发生。

现场急救

(1)令病人平卧,松解患者衣领和腰带,打开室内门窗,便于空气流通,另外将头部稍低,双足略抬高,保障脑部供血。

(2)如有心脏病史,并可疑是心脏病变引起的晕厥时,应取半卧位,以利呼吸。

(3)可针刺或用手指掐病人的人中、内关、合谷等穴,促使苏醒。

(4)注意对病人身体的保暖,随时观察病人呼吸,脉搏等情况。

(5)待病人清醒后,可给病人服用温糖水或热饮料(在晕厥时忌经口给予病人任何饮料及药物)。

(6)经处理仍未清醒者,应及时进行呼救或妥善送往附近医院。

六、触电的急救

触电包括交流电和雷电击伤。损伤包括外损伤和内损伤。触电可造成体表入口和出口伤,均由电能通过身体产生的热能所致。触电伤员轻者造成机体损伤,功能障碍,重者死亡。

1. 触电现场表现

(1)轻伤:触电部位起水泡,组织破坏,损伤重的皮肤烧焦,甚至骨折、肌肉、肌腱断裂。

(2)重伤:抽搐、休克、心率不齐。有内脏破裂。触电当时也可出现呼吸、心跳停止。

2. 现场急救

(1)切断总电源。如电源总开关在附近,则迅速切断电源,否则采取下一步措施。

(2)脱离电源。用绝缘物(木质、塑料、橡胶制品、书本、皮带、棉麻、瓷器等)迅速将电线、电器与伤员分离。要防止相继触电。

（3）心肺复苏。心跳、呼吸停止者立即行心肺复苏。

（4）包扎电烧伤伤口。

（5）速送医院。

七、烧伤和烫伤的急救

烧伤和烫伤由火焰、沸水、热油、电流、化学物质（强酸、强碱）等物质引起。最常见的是火焰烧伤，热水、热油烫伤。

烧伤和烫伤首先损伤皮肤，轻者皮肤肿胀，起水泡，疼痛；重者皮肤烧焦，甚至血管、神经、肌腱等同时受损。呼吸道也可烧伤。烧伤引起的剧烈疼痛和皮肤渗出等因素能导致休克，晚期出现感染、败血症，危及生命。

现场急救

（1）立即脱离险境，但不能带火奔跑，这样不利于灭火，并加重呼吸道烧伤。

（2）带火者迅速卧倒，就地打滚灭火，或用水灭火，也可用棉被、大衣等覆盖灭火。

（3）冷却受伤部位，用冷自来水冲洗伤肢冷却烧伤处。

（4）脱掉伤处的手表、戒指、衣物。

（5）消毒敷料（或清洗毛巾、床单等）覆盖伤处。

（6）勿刺破水泡，伤处勿涂药膏，勿粘贴受伤皮肤。

（7）口渴严重时可饮盐水，以减少皮肤渗出，有利于预防休克。

（8）迅速转送医院。

八、掉进冰窟的急救

在冰天雪地的冬季，滑冰时或在冰面上行走，万一冰面破裂，就有可能掉进冰窟中。一旦发生这种情况应当怎么办呢？

（1）不要惊慌，保持镇定，要大声呼救，争取他人相救。

（2）应当用脚踩冰，使身体尽量上浮，保持头部露出水面。

（3）不要乱扑乱打，这样会使冰面破裂加大。要镇静观察，寻找冰面较厚、裂纹小的地点脱险。此时，身体应尽量靠近冰面边缘，双手伏在冰面上，双足打水，使身体上浮，全身呈俯卧姿式。

（4）双臂向前伸张，增加全身接触冰面的面积，一点一点爬行，使身体逐渐远离冰窟。

（5）离开冰窟口，千万不要立即站立，要卧在冰面上，用滚动式爬行的方式到岸边再上岸，以防冰面再次破裂。

（6）年龄较小的同学发现有人遇险，不可贸然去救，应高声呼喊成年人相助。在紧急的情况下，救人的正确方法是将木棍、绳索等伸给落水者，自己应趴在冰面上进行营救，要防止营救他人时冰面破裂致使自己落水。

九、缓解牙痛的办法

牙痛的滋味，一般的人几乎都体验过，确实使人难以忍受。特别是在夜晚，牙痛起来去医院很不方便,实在痛苦,掌握必要的应急方法,可减轻一时的疼痛。

1. 急救措施

(1)用花椒一枚,噙于龋齿处,疼痛即可缓解。

(2)将丁香花一朵,用牙咬碎,填入龋齿空隙,几小时牙痛即消,并能够在较长的时间内不再发生牙痛(丁香花可在中药店购买)。

(3)用水磨擦和谷穴(手背虎口附近)或用手指按摩压迫,均可减轻痛苦。

(4)用盐水或酒漱口几遍,也可减轻或止牙痛。

(5)牙若是遇热而痛,多为积脓引起,用冰袋冷敷颊部,疼痛也可缓解。

2. 注意事项

(1)顽固的牙痛最好是含服止痛片,可减轻一时的疼痛。

(2)止痛不等于治疗。应注意口腔牙齿卫生,以防牙痛。当牙痛发作时,用上述方法不能止痛,应速去医院进行急诊治疗。

(3)防止牙痛关键在于保持口腔卫生,而早晚坚持刷牙很重要,饭后漱口也是个好办法。

(4)预防牙病还要应用"横颤加竖刷牙法"。刷牙时要求运动的方向与牙缝方向一致。这样可达到按摩牙龈的目的,又可改善周组织的血液循环,减少牙病所带来的痛苦。

十、人工呼吸

人工呼吸方法很多,有口对口吹气法、俯卧压背法、仰卧压胸法,但以口对口吹气式人工呼吸最为方便和有效。

1. 口对口或(鼻)吹气法:此法操作简便容易掌握,而且气体的交换量大,接近或等于正常人呼吸的气体量,对大人、小孩效果都很好。

操作方法:

(1)病人取仰卧位,即胸腹朝天。

(2)救护人站在其头部的一侧,自己深吸一口气,对着伤病人的口(两嘴要对紧不要漏气)将气吹入,造成吸气。为使空气不从鼻孔漏出,此时可用一手将其鼻孔捏住,然后救护人嘴离开,将捏住的鼻孔放开,并用一手压其胸部,以帮助呼气。这样反复进行,每分钟进行14~16次。

如果病人口腔有严重外伤或牙关紧闭时,可对其鼻孔吹气(必须堵住口)即为口对鼻吹气。救护人吹气力量的大小,依病人的具体情况而定。一般以吹进气后,病人的胸廓稍微隆起为最合适。口对口之间,如果有纱布,则放一块叠二层厚的纱布,或一块一层的薄手帕,但注意,不要因此影响空气出入。

2. 俯卧压背法:此法应用较普遍,但在人工呼吸中是一种较古老的方法。由于病人取俯卧位,舌头能略向外坠出,不会堵塞呼吸道,救护人不必专门来处理舌头,节省了时间(在极短时间内将舌头拉出并固定好并非易事),能及早进行人工呼吸。气体交换量小于口对口吹气法,但抢救成功率高于下面将要提到的几种人工呼吸法。目前,在抢救触电、溺水时,现场还多用此法,但对于孕妇、胸背部有骨折者不宜采用此法。

操作方法：

(1)伤病人取俯卧位，即胸腹贴地，腹部可微微垫高，头偏向一侧，两臂伸过头，一臂枕于头下，另一臂向外伸开，以使胸廓扩张。

(2)救护人面向其头，两腿屈膝跪地于伤病人大腿两旁，把两手平放在其背部肩胛骨下角(大约相当于第七对肋骨处)、脊柱骨左右，大拇指靠近脊柱骨，其余四指稍开微弯。

(3)救护人俯身向前，慢慢用力向下压缩，用力的方向是向下、稍向前推压。当救护人的肩膀与病人肩膀将成一直线时，不再用力。在这个向下、向前推压的过程中，即将肺内的空气压出，形成呼气，然后慢慢放松回身使外界空气进入肺内，形成吸气。

(4)按上述动作，反复有节奏地进行，每分钟 14～16 次。

3. 仰卧压胸法：此法便于观察病人的表情，而且气体交换量也接近于正常的呼吸量。但最大的缺点是，伤员的舌头由于仰卧而后坠，阻碍空气的出入，所以使用本法时要将舌头按出。这种姿势，对于淹溺及胸部创伤、肋骨骨折伤员不宜使用。

操作方法：

(1)病人取仰卧位，背部可稍加垫，使胸部凸起。

(2)救护人屈膝跪地于病人大腿两旁，把双手分别放于第六七对肋骨处，大拇指向内，靠近胸骨下端，其余四指向外放于胸廓肋骨之上。

(3)向下稍向前压，其方向、力量、操作要领与俯卧压背法相同。

十一、正确使用 120 呼救

我国统一的呼救电话号码是"120"。拨打 120 是向急救中心呼救最简便快捷的方式。急救中心是 24 小时服务的，只要是在医院外发生急危重症，可以随时打"120"找急救中心要救护车。急救中心及急救分站所属的救护车服务的重点对象是灾害事故和急危重症。

拨打 120 电话后，首先要把病人当前最危急的病情表现和以前的患病史、给病人服用了什么药等简要地说清，不要怕如实介绍病情不给救护车而把病情往重了说，这会加重医护人员的负担，也有可能影响到其他急危重症患者的抢救。同时应该把患者发病现场的详细地址说清楚，包括街道、胡同或小区的标准名称，门牌号或楼号、单元及房间号，而不要说那些含糊不清或不明确的地点。最后要留下电话号码以便调度人员和你再联系。120 打不通有以下情况：一是拨叫后没有声音或占线，这可能是线路传输或交换的故障，这时应拨打"112"(电话障碍申告台)，向所在的电话局反映。如果拨打 120 后听到"某某急救中心，电话120……"的录音提示后电话就中断了或久久没有人接听，可以向调度人员反映这个情况以迅速调查解决。

如果是在路边或其他场所发现无人看管的倒地的伤病人员，病人身上如果带有急救卡，在向急救中心报告急救卡号后急救中心会立派救护车去。如果病人身份不明又无人照看，在拨打 120 的同时也应拨打"110"或"122"(道路交通事故报警台)，由他们到现场协助处理。如果是在公园、商场、剧场等场所发现不认识又不能说话的病人时，可以向该单位的人员反映，由他们照看病人并向急救中心要车。

如果在远郊区县、远郊区县的院外急救都是由当地的区县医院负责的。发生急危重症患者或各种事故应立即给当地的区县医院急救站或当地的区县医院急救站或急诊室打电话要救护车,也可以通过114台查询或打120电话询问当地急救站区县医院急诊室的电话。如危重患者已经送到了医院需要转入城区医院时也可打120要救护车。

与急救车接头方面,调度人员在受理呼救电话时会与呼救人员约定接救护车的地点,等车地点应设在街上有明显公共标志、设施或标志性建筑,如汽车站、单位、宾馆饭店及公共建筑等处。如果是在小区、居民大院或单位大院时,要到小区或大院的门口接救护车。放下电话后要提前去接车,但急危重症病人不宜随意搬动,所以不要把病人提前搀扶或抬出来。到达约定地点后救护车没有到也不要离开或再找别的车,应该在原地等待,只要急救中心答应派车就一定会去的。救护车到后主动挥手示意接应,以免错过。

十二、案例警示

案例一

盲目施救,三工人昏井底

2006年8月19日傍晚,一工人在成都市二环路营门口立交附近疏通窨井时沼气中毒,昏倒在井底。工地上两位工友见状,先后吊着绳子下到井底施救。由于没有任何防护措施,三人都中毒昏倒在井底,好在119官兵及时抢救,三人被送往四川省医院,经抢救脱险。四川省医院急救中心医生确认,三人都是因沼气中毒导致昏迷。他们提醒其他市民,如果遇到类似情况,应当在有防护措施的条件下下井救人,不要盲目下井。这两位去救人的工人既没有防毒面具,又没有吸氧设备,这样会使自己也陷入危险境地。

案例二

河南确诊一例世界罕见致死性家族性失眠症患者

一名年近五旬的男子已有半年多不能正常睡眠了,此前,他的家族三代人中,已有近10人在20～50岁期间患这种"不知名"的怪病而相继去世。近日,河南省人民医院神经内科确诊其患的是罕见的致死性家族性失眠症,世界上仅发现27个家系82名患者,中国此为第二例,且该男子是我国患此病的唯一健在者。

据河南省人民医院神经内科专家介绍,该男子从今年元月份起突然出现睡眠障碍,半年多来没有真正睡过觉。有时浅浅入睡,也会全身不由自主地痉挛性抖动,还做一些匪夷所思的动作。例如,医生和家人常常发现,他的双臂在空中挥舞,像是抓住了什么东西,然后使劲塞进嘴巴里,醒后问他是怎么回事,他自己却一点也不知道。

经过夜间如此的"重体力劳动",白天他无精打采,有些嗜睡,却又睡不着,双手不停地在身上抓挠,腿上、背上都留下了深深的抓痕。他的病情逐渐加重,出现了低烧、认知障碍和轻微的精神异常,有时连家门也摸不着。

发病后,该男子和家人异常恐慌。原来,这个怪病的魔影已经笼罩其家族半个世纪,相继夺去了三代近10条性命,年近五旬的该男子也不幸患病。

他曾到多家医院就诊,但医生都没有见过这样的病人,说不清他得的到底是啥病。他抱着一线希望到河南省人民医院神经内科就诊。

他的主治医生曾在国外专门研修过睡眠医学,是一位在此领域有着非常丰富的诊疗经验的专家,但对他的病也从未见过,查阅了大量的资料,认真分析病情,有时就守在病床前观察患者的一举一动。

住院期间,医生试着让他服用了安眠药,半年来他第一次进入熟睡状态,但更可怕的事情发生了,他的喉咙里发出了非常古怪的声音,医生形容说:"这是从来没听过也根本学不出来的让人恐怖的声音。"由于怕发生窒息等意外,安眠药再也没敢给他用。

随着对病情的掌握和剖析,一个可怕的诊断越来越清晰地浮现在医生的脑海中——致死性家族性失眠症。该病的睡眠障碍、家族史、发烧等特征,这名患者完全符合,而且影像学检查也完全支持这一诊断。

从1986年意大利发现第一例致死性家族性失眠症至今,世界上共报道了27个家系82例患者。2004年,湖北协和医院发现了我国第一例患者,但不久后就死亡了。该男子如此庞大的患病家系,在我国还前所未有,世界上也非常罕见。

案例三

午休时间的小运动

一、梳头:用手指代替梳子,从前额的发鬓处向后梳到枕部,然后弧形梳到耳上及耳后。梳头10~20次,可改善大脑血液供应,健脑爽神,并可降低血压。

二、弹脑:端坐椅上,两手掌心分别按两只耳朵,用食指、中指、无名指轻轻弹击脑部,自己可听到咚咚声响。每日弹10~20下,有解除疲劳、防头晕、强听力、治耳鸣的作用。

三、扯耳:先左手绕过头顶,以手指握住右耳尖,向上提拉14下,然后以右手绕过头顶,以手指握住左耳尖,向上提拉14下,可达到清火益智、心舒气畅、睡眠香甜的效果。

四、脸部运动:工作间隙,将嘴巴最大限度地一张一合,带动脸上全部肌肉以至头皮,进行有节奏的运动。每次张合约一分钟左右,持续50次,脸部运动可以加速血液循环,延缓局部各种组织器官的"老化",使头脑清醒。

五、转颈:先抬头尽量后仰,再把下颌俯至胸前,使颈背肌肉拉紧和放松,并向左右两侧倾10~15次,再腰背贴靠椅背,两手颈后抱拢片刻,能收到提神的效果。

六、伸懒腰:可加速血液循环,舒展全身肌肉,消除腰肌过度紧张,纠正脊柱过度向前弯曲,保持健美体型。

七、揉腹:用右手按顺时针方向绕脐揉腹36周,对防止便秘、消化不良等症有较好的效果。

八、躯干运动:左右侧身弯腰,扭动肩背部,并用拳轻捶后腰各20次左右,可缓解腰背佝偻、腰肌劳损等病症。

思考题

1. 当被烧伤时,该如何处理?
2. 如何预防中暑?
3. 如何做人工呼吸,同时应注意哪些事项?